今日から
安全衛生担当
シリーズ

特定化学物質
作業主任者
の仕事

福成雄三 著

目　次

はじめに・7
〈著者はこんな人〉・10

I．そもそも特化物って？

1．「特定」された化学物質・12
2．ガス状特化物による急性中毒・14
3．酸などによる腐食・17
4．固体の特化物・20
5．対象を絞って理解・21
6．特化物でない「化学物質」・22

II．作業主任者になった

1．大丈夫？・26
2．決意する・28
3．責任を負う？・29
4．法律がめざすこと・30
5．選任された・32
6．支えられて・35

III．想像して見えてくる

1．安全にできる・38
2．むずかしいけど・40

3．こんなことが起きそう・44
4．変化すること・46
5．準備しておきたい・49
6．リスクを確認する・51
7．相談したい・54
8．頼りにする・56
9．もしもの時・57

Ⅳ．いざ作業

1．決定する・62
2．指揮する・65
3．監視する・68
4．作業環境対策は役に立つ？・71
5．見まわして感じる・74

Ⅴ．知っておきたい

1．特化物が漏れる・78
2．健康診断を活かす・81
3．測定結果から見えてくる・83
4．局所排気装置等の流れを活かす・86
5．全体換気装置で換気する・90
6．検知・警報器を使う・94
7．防じんマスク・防毒マスクを活かす・98
8．空気呼吸器を活かす・102
9．送気マスクを活かす・106
10．保護手袋などを活かす・109

11. こぼれたり、付着したり・・・・・112
12. 掲示を見る・115
13. 保護具などを購入する・118

VI. さすが作業主任者

1. 作業主任者への共感・122
2. 作業前に一言・124
3. 作業中の一言・126
4. 作業終了後に一言・129
5. 定期的に確認する・130
6. リスクアセスメントに加わる・132
7. 法の規定が適用されない？・134

VII. みんなの力で

1. 職場で勉強会をしてみよう・136
2. ヒヤリ・ハットを活かす・140
3. 作業主任者同士で知恵を出し合おう・142

VIII. 役に立ててください

1. 社外の専門家に聞く・146
2. チェックリストを作ってみる・147
3. クイズネタ・149
4. さらに知識を増やす・153
5. ネタ探し（情報源）・155

おわりに・158

はじめに

　「特定化学物質及び四アルキル鉛等作業主任者技能講習」（以下、作業主任者技能講習または単に技能講習などと記載します）を受講して、修了試験を終え、作業主任者の資格を取って…ひょっとしたら、職場（事業場）から一番期待されていたのは「資格を取る」ことだったかもしれませんね。取りあえず、一番期待されていたことに見事応えることができてよかったと思います。でも、これで「終わり」ではなく、これが「始まり」です。

　次の期待は、職場の同僚が安全に仕事ができるように特定化学物質（特化物）と向き合うことです。作業主任者としての仕事が始まります。技能講習は、内容が豊富で、理解することはむずかしいこともあったのではないでしょうか。対象となる特化物には、固体も液体も気体もあり、おまけにそれぞれの毒性も影響の仕方も管理の仕方も異なっています。しかし、大半の作業主任者は、作業主任者として管理しなければならない物質の種類は限られていると思います。この本では、個々の化学物質ごとの管理に関してではなく、その特性に応じた管理という考え方で整理して執筆しています。

　今日から技能講習で得た知識を活かして、作業主任者の仕事を実際に始めることになります。この本では、作業主任者としての仕事を実際に始めるに当たっての考え方やヒントになることをまとめています。テキストではなく、気付きを促すヒント集と考えてください。参考になれば幸いです。取り扱う物質の安全な取り扱いに関する具体的なことで思い出せないことがあれば、作業主任者技能講習テキスト（以下、作業主任者テキスト）で確かめるようにしてくだ

さい。

　なお、この本では、特化物を製造したり、化学プラントで原材料として特化物を使用する場合など、化学工学などの専門的な知識・技術に基づく安全対策（プロセス安全など）が必要な業務については、原則として取り上げていません。それぞれの事業場で専門家を交えた管理の下で安全な作業に結び付けてください。

＜法令通りの表現はしていません＞

　この本は法令（法律や関係する命令（政令・省令）など）の規定について細部を解説したものではなく、実際の作業でどのように考えて職務に当たればいいのかということをまとめています。

　法令に基づいた厳格な言葉遣いはしていません。たとえば、法令では特化物の区分（たとえば管理第二類物質とか特定第二類物質、○○と○○を含有する製剤その他の物（ただし、○○の含有量が重量の△％以下のものを除く）などの区分）に応じた規定がありますが、特に区分を考慮しなければならない場合を除いて、厳格な区分をしていません。他にも正確に説明しようと思えば、細かい区分をして説明しなければならないこともありますが、実務でのわかりやすさを優先しています。法令などの引用も趣旨を損ねないように表現を変えているところもあります。肝心なことは、健康障害を発生させないことだと考えてまとめていると理解してください。

　化学物質の製造等禁止物質と四アルキル鉛等の取り扱いに関すること、および特化物の製造に関することについてはほとんど触れていません。必要な場合は、作業主任者テキストや法令を確認してください。

　また、特定の物質や作業に関わる措置（たとえば、インジウム化合物、コバルト、燻蒸作業、コークス炉・・・[注1]）については、原則として取り上げていません。なお、特別有機溶剤業務[注2]を行う場合は、有機溶剤作業主任者技能講習修了者から特化物作業主任者が選任されることになりますが、この本では、特別有機溶剤等を取り上げての記載はほとんどしていません。

　法令に基づく厳密な対応などが必要な場合、作業主任者テキスト（特化物、有機溶剤）や法令を確認してください。

<注1>　特化則に特別の規定のある物質や作業
・塩素化ビフエニル等　・インジウム化合物等　・エチレンオキシド等
・コバルト等　・コークス炉　・三酸化二アンチモン等
・臭化メチル、エチレンオキシド、酸化プロピレン、シアン化水素、ホルムアルデヒドを用いて行う燻蒸作業　・ニトログリコール　・ベンゼン等
・1,3-ブタジエン等　・硫酸ジエチル等　・1,3-プロパンスルトン等
・リフラクトリーセラミックファイバー等　・特別有機溶剤

<注2>　特別有機溶剤
・クロロホルム　・四塩化炭素　・1,4-ジオキサン
・1,2-ジクロロエタン（別名二塩化エチレン）
・ジクロロメタン（別名二塩化メチレン）　・スチレン
・1,1,2,2-テトラクロロエタン（別名四塩化アセチレン）
・テトラクロロエチレン（別名パークロルエチレン）
・トリクロロエチレン　・メチルイソブチルケトン
・1,2-ジクロロプロパン　・エチルベンゼン

<謝辞>

　この本の執筆にあたり、直近の作業主任者技能講習の内容を確認させてもらうべく公益社団法人東京労働基準協会連合会の技能講習を聴講させてもらいました。事務局並びに各講師のみなさまのご厚意に御礼申し上げます。

＜著者はこんな人＞

　長年、企業で安全衛生管理の企画の仕事をしてきました。
　入社後の実習期間に、特化物について構造式、有害性、特性
などの一覧表を作ったことを覚えています。もちろん手書きで
す。現在のようにたくさんの出版物があり、インターネット検
索が簡単にできる時代ではありませんでした。入社したときか
ら特化物に関わっていたんだと思うと、関わりの深さを感じま
す。その後、新たな知見や健康障害が明らかになり、法令で規
定される特化物の種類は20物質以上追加されています。
　勤めていた事業場には、副原料として何百トンもの特化物が
あったり、一酸化炭素やアンモニア、塩酸や硫酸などが製造ラ
インで大量に使われていたりしました。特化物の種類もおそら
く10は超えていたと思います。取り扱っている化学物質を同
僚と分担して全数確認したことがありますが、大きな事業場で
したので、1ヶ月以上かかりました。特化物の取り扱い作業基
準を整備したり、作業環境測定士として測定の業務を担当して
いたこともあります。
　本書は、作業主任者である読者のみなさんが、苦労したり、
悩んだりしている姿を思い浮かべながら、生き生きと活躍して
もらえるようにと思って執筆しています。

I

そもそも
特化物って？

「特化物」が「特定化学物質」の略称だということは、安全衛生管理に関わっている人ならば誰でも知っています。では「特定化学物質」の「特定」とはどういう意味でしょうか。「特定」の意味を考えながら、実際の作業で活かせる特化物の特徴を理解しておきたいと思います。

1. 「特定」された化学物質

　特定化学物質という言葉は、安全衛生関係以外の法令でも使用されています。化審法と化管法が代表です。いずれも経済産業省の所管で、前者は「新規の化学物質の性状に関して審査し必要な規制を行うこと」を規定した法令で、後者は「環境保全のために特定の化学物質の排出量等の把握と性状などの情報提供」を規定し、いわゆるPRTR制度やSDS制度を定めた法令です。人体や環境に悪い影響を与える物質を「特定」して管理の対象にしています。

・化審法：化学物質の審査及び製造等の規制に関する法律
・化管法：特定化学物質の環境への排出量の把握等及び管理の改善の促進に関する法律

　「特定」とは、「法令が指定した」と理解しておけばいいでしょう。労働安全衛生法が特定した化学物質が、特化物作業主任者が関わることになる特定化学物質（特化物）ということになります。特化物は、職場で取り扱う化学物質のうちで、人体に悪い影響があると「特定」された化学物質のことになり、具体的には、労働安全衛生法施行令別表第3で定められた化学物質になります。特化物以外に四アルキル鉛（令別表第5）、石綿（令第6条第23号）、有機溶剤（令別表第6の2）、鉛（令別表第4）などに関する法令（規則）があるこ

とは知っていると思いますが、これらの物質以外の有害な物質で法令で取り扱いを規定すべきとされた物質が特化物になっていると考えておいてください。ただし、人体に悪い影響のある化学物質すべてについての管理が、これらの法令で規定されている訳でないこと（「Ⅰ－6．特化物でない「化学物質」」参照）も知っておいてください。

　次項から簡単に解説しますが、特化物の性状や有害性は物質によってさまざまです。ガス状のものもあれば、液体もありますし、固体（塊状、粉状など）のものもあります。安全に取り扱うために実施しなければならないことも、さまざまということになります。このために、特化物作業主任者のテキスト（技能講習テキスト）は分厚くなっていますし、特化則にもたくさんのことが規定されて条文がとても多くなっています。

＜参考＞特化則に規定された事業者の責務

第1条　事業者は、化学物質による労働者のがん、皮膚炎、神経障害その他の健康障害を予防するため、使用する物質の毒性の確認、代替物の使用、作業方法の確立、関係施設の改善、作業環境の整備、健康管理の徹底その他必要な措置を講じ、もって、労働者の危険の防止の趣旨に反しない限りで、化学物質にばく露される労働者の人数並びに労働者がばく露される期間及び程度を最小限度にするよう努めなければならない。

Ⅰ　そもそも特化物って？　　13

2. ガス状特化物による急性中毒

　ガス状（気体）の物質の管理は難しい面があります。実際に使用するときに、空気中に広がっていきやすいからです。特化物の中にも常温でガス状の物質があります。人体に有害な濃度であっても、ほとんど目に見えないということも厄介です。臭いの無いものもあります。さらに、有害なガスを吸い込むと肺の中ですぐに吸収されてその影響が出やすい（急性中毒になりやすい）ということになります。

　このようなガス状の特化物や次項で取り上げる液体の特化物を製造し、取り扱う設備（移動式のものは除く）の多くは、特定化学設備として特化則の規定で細かく管理方法が示されています。特定化学設備は、設備面の管理をキチンと行って漏えいを防止することが欠かせません。その付属設備も含めて2年以内毎の定期自主検査に関しても法令で規定されています。作業主任者が管理するとは限りませんが、特定化学設備の管理についても抜けがないか確認しておいてください。

　作業場で、ガス状の特化物が検知された（ガス検知器や警報器が反応した）場合にどのようなことが起きているのか想像してみましょう。よくある事例として、じわじわと漏れる場合、吹き出すように漏れる場合があります。

　特化物を含んだ気体が大気圧に近い状態で使われる場合などは、じわじわと漏れることが多くなります。漏れた特化物は漏れ箇所で空気に希釈され、徐々に拡散していく（濃度が低くなっていく）ことが多くなります。圧力が加わった状態で使用する場合には、隙間や孔から吹き出すように漏れだして、漏れ箇所近くの特化物の濃度

は高濃度になっていることが多くなります。設備内の圧力が変動する場合は、空気砲のように特化物のガスの塊ができ、高濃度の塊のまま漂うこともあります。

　いずれにしろ、どのように特化物が漏れて、どのように広がる可能性があり、それに対してどのように対応する（避難する、保護具を着ける、漏れを防ぐなど）のかについて、十分検討して、職場で共有しておくことが欠かせません。環境中の特化物の濃度が、時間的空間的に（場所によって）急激に変化する可能性もあります。このような変化があると、特化物の種類によっては、一呼吸で意識を失う濃度のガスにばく露される可能性もあります。それぞれの特化物の有害性や特性（比重など）を踏まえて検討してください。可燃性のガスもありますので、必要に応じて火災や爆発防止の措置も検討する必要があります。

　設備の破損などで一気に大量の特化物が漏れることも可能性としてあります。特化物の設備への補給や使用済みの特化物の搬出のときに配管（ホースを含む）などの接続部などから漏れ出す可能性もあります。このようなことが発生しないようにすることも含めて、特定化学設備では、設備管理・操業管理など技術的な面での適切な対応が必要です。なお、どのような漏れ方であっても、特定化学設備から離れた場所にいる人が中毒にかかる可能性もありますので、影響の及ぶ範囲を考えた対応も必要になります。

　法令で、特別教育などについての具体的規定はありませんが、取り扱う特化物と設備に応じた関係作業従事者への教育は欠かせないでしょう。個人装着形の検知警報器が必要な場合もあると思います。気になることがあれば、衛生管理者や上司、関係者に相談してみてください。

　この項では急性中毒のことだけを取り上げましたが、慢性中毒な

Ⅰ　そもそも特化物って？　　15

どにつながるガス状の特化物があることも忘れないでください。

<参考>ガス状の特化物の使われ方の例

　ガス状の特化物は、ボンベなどの容器、反応槽、タンクなどの中に漏れないようにして入っていることが大半です。生産（合成、精製）されるものもあれば、副生されることもあります。たとえば、特化物作業主任者の職務とは関係ありませんが、有機物が不完全燃焼すると特化物である一酸化炭素が発生します。

　使用される（取り扱う）量もさまざまです。無酸化状態で熱処理を行うためにアンモニアの分解ガスを使用する、コークス炉や製錬炉で一酸化炭素が発生する、化学工場（化学プラント）で塩素などが原材料として用いられるなどの場合は取扱量が膨大です。大型設備ですし、配管も大径のものが多くなります。半導体などの製造で（特殊）材料ガスとして比較的細い配管を通して利用されるものもあります。小型のガス容器（ボンベ）に入ったものもあります。

3. 酸などによる腐食

　腐食というと「錆びる」と思う人が多いですが、ここで言う腐食は人の皮膚や粘膜（眼や口の中など）の組織を破壊する（ただれたりする）ことを言います。生体腐食性と言われることもあります。薬傷もほぼ同じ意味です。多くは刺激性のある液体が付着することによっておきます。強い腐食性のあるガスでも粘膜の組織を破壊することがありますが、ここでは液体に限って取り上げます。

　特化物になっているクロム酸、フッ化水素（フッ化水素酸、フッ酸として）、硫酸、塩酸、硝酸などの酸は、液体として使われることが多く腐食性があります。腐食性の液体を取り扱うときには、皮膚や粘膜に付着しないようにすることが大切です。このような液体に直接触れることを前提にした作業はないと思いますが、トラブル時のことを考えておく必要があります。

　触れる可能性のある作業では、保護手袋、保護衣、保護長靴、保護めがねを着用して防護することが必要です。液滴が跳ねる、運搬時にこぼすなども想定しておいてください。特に忘れがちなのが「眼に入る」です。失明につながることもありますので、安易な対応は避けなければなりません。なお、腐食性と一言で言っても、フッ化水素酸など「骨まで溶かす」と言われるほど腐食性が強いものもあります。

　ガスやミスト状になった腐食性の液体にも注意が必要です。吸い込むと、鼻粘膜が傷ついたり、気管支や肺の中に入って肺胞などの組織を破壊することも考えられます。歯牙酸蝕症といって、歯を溶かすといった症状につながることもあります。腐食性の特化物の酸がガスやミスト状になって作業環境中に高濃度に存在する場所で、

Ⅰ　そもそも特化物って？　　*17*

防毒マスクなどを着用せずに長く作業に従事することによって発生します。ただし、このような症状は、仕事とは関係なく、柑橘類や酸性飲料を食べ続けるとか胃酸の逆流などで起きることもあります。

特化物にはなっていませんが、酢酸などの酸やアルカリ性物質にも腐食性がありますので、同様な管理が必要です。なお、腐食性の特化物などの液体を入れた槽などに転落するといった事故が起きた例もあります。このような槽では転落防止措置が必要です。

腐食性の特化物などに触れたときは、すぐに水で十分洗い流さなければいけません。緊急用の洗身用のシャワーや洗眼器の設置が望まれます。水道の蛇口（給水栓）しかない場合は、短いホースを付けておくと使い勝手がいいでしょう。水で洗い流すとともに、すぐに医師の診察を受けるようにしてください。

大型の特定化学設備（貯蔵タンクを含む）から腐食性の液体が漏れ出した場合は、長時間にわたって漏れ続けることも考えられます。タンクローリーなどでの補給や使用後の排液などの搬出などのときに、接続したホースなどが外れたり、接続部から漏れ出したりすることも考えられます。漏れ方にもよりますが、その処理などに従事する人が特化物にばく露する、広範囲に液体が広がる、地中に浸透する、排水溝に流れ込むなどといったことも考えられます。そのような場合に、事業場としてどのような対応するのかも検討して、いざという場合に備えることが必要です。このような対応について、作業主任者として気になることがあれば、衛生管理者や上司、事業場関係者と相談してみましょう。

ここでは「腐食性」について取り上げましたが、皮膚が発赤する、刺激性がある、アレルギー性があるなど、皮膚や粘膜への影響はいろいろとありますので、取り扱う物質の特徴を理解しておいてくだ

さい。コールタールのように繰り返し皮膚に触れることが皮膚がんの原因になるとされている物質もあります。

また、この項では腐食性のある液体の特化物の健康影響を中心に取り上げましたが、特別有機溶剤のように常温では液体で腐食性のない特化物もあります。揮発性が高く、慢性の影響だけでなく、急性中毒の原因になることもあります。

I　そもそも特化物って？

4. 固体の特化物

　固体（固形）の特化物もたくさんあります。固体と言ってもさまざまです。同じ物質でも粉じんなどとして飛散する可能性の少ない形状・性状のものを使えると、作業場でのばく露（吸入）を減らすことができます。たとえば、粉状のものをフレーク状のものに替える、湿潤化して使うなどです。それぞれの特徴を踏まえての飛散防止措置をはじめとする健康障害防止措置が必要になります。

＜参考＞粉じんなどとして飛散しやすい固体の類型例
・固体状だが加熱するとヒュームが発生することがある
・塊になっているが、すぐに細かく砕けて粉じんが発生する
・塊になっているが、表面に細かい粉じんが付いている
・粒状やフレーク状で、砕けて細かい粉じんが発生する
・もともと粉状で飛散しやすい
・微粉状で飛散しやすい（皮膚などにも付着しやすい）
・繊維状で形状に起因すると考えられる有害性がある（リフラクトリーセラミックファイバー）

　なお、飛散防止のために湿潤な状態にして特化物を取り扱う場合、前後の工程で水分が蒸発して粉状になって飛散するなどということもあります。作業場内での堆積、換気装置を含めた設備への付着、容器・袋などへの付着などが考えられます。風や振動で飛散したり、清掃などのときに飛散したりすることもありますので、注意してください。また、高温溶融物を取り扱う職場では、水蒸気爆発につながるおそれがあり、湿潤な状態にすることが危険なこともあります。

5. 対象を絞って理解

特化物の有害性はさまざまです。作業環境測定結果の評価に用いる管理濃度は、（重量表示の場合）1000分の1mg/m³オーダーから1mg/m³オーダーまであります。

呼吸器を通して体内に入った場合の特化物の有害性を大まかに区分すると、「発がん性がある物質」「発がん性の懸念がある物質」「強い変異原性がある物質」「変異原性がある物質」「慢性中毒に結び付く物質」「急性中毒に結び付く物質」になります。影響が現れる臓器はさまざまです。前述のとおり、接触することなどで皮膚や粘膜に障害を起こす物質もあります。

作業主任者としては、まず職場で取り扱う物質に絞って理解を深めておくことが大切です。一人の作業主任者が70種類を超えるすべての特化物の取り扱いに関わることはなく、一種類から数種類の特化物に限定されているはずです。

特化物作業主任者技能講習では、すべての特化物についての説明があり、日ごろ関係のない物質についても学んだと思いますが、実際の業務で取り扱う特化物についてより理解を深めて、安全な取り扱いに結び付けることが第一に求められることです。幅広く知っていることも大切ですが、実際の仕事で活かさなければならないことをキチンと理解しておくことをまず心掛けてください。こういった視点でもう一度作業主任者テキストを確認してもらいたいと思います。

Ⅰ　そもそも特化物って？　　21

6. 特化物でない「化学物質」

　米国化学会（ACS）が管理しているCAS登録番号（個々の化学物質の固有の識別番号、世界的に利用されている）の付いた化学物質は約2億種類に及ぶとのことです。工業的に利用されている物質はずっと少ないのですが、いずれにしろ、膨大な数の化学物質が世の中にあります。

　特化物に指定されている化学物質は100もありません。有害物質の管理に関する労働安全衛生法の関係省令は、特化則の他に石綿障害予防規則、有機溶剤中毒予防規則、四アルキル鉛中毒予防規則、鉛中毒予防規則がありますが、この対象になっている物質は、全部あわせても150種類くらいです。これらの化学物質は、有害性が明らかで健康障害事例があって、比較的幅広く利用されてものに限られていると考えてください。

　個別の規定はありませんが、労働安全衛生法には、化学物質の有害性の調査を行う制度で、強い変異原性（生物の遺伝子に突然変異を引き起こす性質）が確認されている物質は1,000を超えています。これらの物質については、安全に取り扱うために必要なことを示した指針（変異原性が認められた化学物質による健康障害を防止するための指針）が出されています。

　労働安全衛生法の関連でリスクアセスメントの実施とSDS（安全データシート）の交付は、すべての化学物質（特化物を含む）について実施することが努力義務となっていますが、義務とされている化学物質（通知対象物質）は、1,000もありません。

　このように日本の労働安全衛生関係法令で管理が必要だと明記されている物質には限りがあります。言い換えると有害な化学物質の

すべてが法令（特化則など）で規制の対象になっている訳ではありません。今後、有害性が明らかになる化学物質も必ずあります。もちろん有害性のない（少ない）化学物質もたくさんあります。

特化物作業主任者の法令上の役割は、労働安全衛生法／特化則で指定された化学物質の管理に関することですが、上述のとおり、これ以外にも管理が必要な化学物質があることも忘れないようにしてください。特化物以外の化学物質についても「有害な化学物質かもしれない」という意識を持って取り扱いたいと思います。

なお、火災や爆発の原因となる可能性のある化学物質は、労働安全衛生規則などに上り、危険物としても管理が必要になります。

I　そもそも特化物って？　　23

II

作業主任者
になった

作業主任者の置かれた立場について考えながら、求められる職責（仕事の責任）をもう一度確認し、その職責を果たすためにどのようにしたらいいのかについて考えてみます。

1. 大丈夫？

　「なにが大丈夫？」なのでしょうか。それは、あなたの考え方です。特に経験に基づく考え方です。毎年、多く（50万人以上）の人たちが、仕事が原因でケガをしたり、病気になっています。ケガや病気になる人たちのほとんどは、このようなこと（ケガや病気）になるとは思っていなかったでしょう。「大丈夫！」、少なくとも「自分は大丈夫！」と思っていたのではないでしょうか。

　そうなんです。大半の仕事でケガや病気になることは、「めったにない」のです。「この仕事をすれば必ずケガや病気になる」とわかっていれば、きっとケガや病気にならないように対策をしたり行動するはずです。「今まで大丈夫だったから」と思うことはないでしょうか。前述したとおり、特化物の中には、急性中毒を起こす物質もありますし、酸やアルカリなど腐食性（皮膚や粘膜がただれるなど細胞組織を壊す）の強い物質もあり、死につながることもあります。発がん性の物質もあります。

　あなたの意識はどうでしょうか。一緒に仕事をする同僚はどうでしょうか。たとえ「大丈夫」と思うことがあっても、「大丈夫でないことも起きるかもしれない」と考え直してください。特化物という有害性の高い物を取り扱うという意識をしっかりと持って仕事に臨んでください。作業主任者は、同僚の安全に責任を持つ立場です。ケガや病気が起きてから悔やむようなことにはしたくありません。

2. 決意する

　特化物作業主任者として指揮をとらなければならないときに、職場の同僚は全員あなたの言う通りに指揮に従ってくれるでしょうか。人を指揮し、動かすことはなかなかむずかしいことです。それでも作業主任者はその職務を遂行することが必要です。「残念ながら」などと言ったら叱られますが、法律が求めているのです。

　では、法律がなければ作業主任者の役割を担う人はいらないのでしょうか。職場で特化物を取り扱う限り、誰かが作業主任者の役割を果たさなければ、職場の同僚が安全に仕事ができないということになりませんか。

　完璧に作業主任者の職務を果たすことができることが理想ですが、現実にはむずかしいこともあるかもしれません。たとえそうであっても、絶対にはずしてはいけないことがあります。それは「自分自身を含めて、命と健康を最優先にして判断する」ことです。ぶれずにこのような判断ができることが、作業主任者に求められていると認識しておきましょう。このような判断ができると、職場の同僚から頼りにされる存在ということになります。

　選任されたときは、緊張感があってぎこちない対応しかできなかったことが、月日を重ねる内に、慣れてきます。その一方で、妥協したりすることが増えてくるかもしれません。日々責任を重く感じながらということはむずかしいかもしれませんが、それでも、どのようなことがあっても、「命と健康を最優先にする」ことを作業主任者として決意しておいてほしいと思います。

3. 責任を負う？

「責任を負う」ということは、他の人から非難されたり責められないようにすることだと思いがちです。このように考えるよりも、「同僚の安全のことを考えて仕事をする」ことが、責任を果たすことにつながると考えてください。前向きな気持ちで仕事に取り組むことにつながります。

また、同僚に対して「自分が作業主任者として責任を負っているから、キチンとやってくれ」と言いたくなる気持ちになることはないでしょうか。間違っていないと思いますが、同僚から見ると「あの人は、自分の責任を追及されないように自分たちに"あれやれ""これやれ"と言う」などと思われないでしょうか。責任を負うのは、同僚の安全に関してであり、作業主任者（あなた）のためではないと考える方が、同僚の共感を得て、作業主任者の仕事を全うできるのだと思います。あなたに合った責任の取り方を考えてみてください。

もちろん、作業主任者としての法令上の責任があることは忘れないようにしてください。

II 作業主任者になった 29

4. 法律がめざすこと

　作業主任者技能講習で学んだとおり、作業主任者の制度は労働安全衛生法（特定化学物質予防規則：特化則）で規定されています。作業主任者の責任に関連する労働安全衛生法の規定について簡潔に振り返っておきましょう。

労働安全衛生法　第1条（目的）

　この法律は、…職場における労働者の安全と健康を確保するとともに、快適な職場環境の形成を促進することを目的とする。

　労働安全衛生法は、あなたを含めた「労働者の安全と健康を確保する」ことを目的とした法律です。この法律の下で作業主任者として同僚の安全と健康についての役割を担うことになったことに誇りを持って活躍してもらいたいと思います。

労働安全衛生法　第14条（作業主任者）

　事業者は、…労働災害を防止するための管理を必要とする作業で、政令で定めるものについては、…免許を受けた者または…技能講習を修了した者のうちから、…当該作業の区分に応じて、作業主任者を選任し、その者に当該作業に従事する労働者の指揮その他の厚生労働省令で定める事項を行わせなければならない。

　労働安全衛生法は、第1条に規定した目的を果たすために、事業者（会社など）に対して作業主任者を選任して、作業の指揮などを行わせることを求めています。この第14条の規定を受けて、特化則に特化物作業主任者の職務などについて規定があります。技能講習で習ったとおりです。

> **労働安全衛生法　第119条（第12章　罰則）**
>
> 　次の各号（省略）のいずれかに該当する者は、6月以下の懲役または50万円以下の罰金に処する。
>
> **労働安全衛生法　第122条**
>
> 　法人の代表者または法人…、使用人その他の従業者が、その…業務に関して、…第119条…の違反行為をしたときは、行為者を罰するほか、その法人または人に対しても、各本条の罰金刑を科する。

　労働安全衛生法は、安全衛生対策が確実に実施されるように、違反があった場合の罰則を規定しています。ただし、労働安全衛生法に違反すれば直ぐに罰則が適用されるのかと言えば、そんなことはありません。現実に罰則が適用されるのは、ほとんどの場合「罰則を適用しなければならないほど悪質な法違反」です。罰則の適用は、最終的には裁判所（裁判官）の判断になります。

　法令に基づく行政機関（監督機関）としての指導などは、労働基準監督官等（労働基準監督署等）が行います。法違反があきらかなときには、労働基準監督官等から是正勧告書等の文書で指導がされます。

　労働安全衛生法の条文は、「事業者は、○○しなければならない」という表現が多く使われ、罰則のついた強制力のある規定がたくさんあります。実際の業務では、事業者（会社など）の役割を管理監督者や作業主任者が、事業者から託されて実施することが求められることも多く、重篤な災害が起きたときなどに管理監督者や作業主任者が法律上の責任を問われることもあります。ただし、このような罰則などのことについて普段から気にする必要はまったくありません。「罰則があるから」ではなく、「同僚の安全と健康のために」作業主任者として特化物を取り扱う作業の管理をキチンとすると考えておきましょう。

Ⅱ　作業主任者になった　　**31**

5. 選任された

　いよいよ作業主任者としての仕事が始まります。特化物を取り扱うことによって、同僚（部下や上司も含めて）が健康障害などにならないようにする役割を担うことになります。出番です。

　特化則で規定されている作業主任者の職務を大ざっぱに振り返っておきましょう。項目は４つで、①特化物による汚染や吸入しないように、作業方法を決定し、労働者を指揮する、②局所排気装置などの労働者が健康障害を受けることを予防するための装置を１ヶ月以内ごとに点検する、③保護具の使用状況を監視する、④タンク内で特別有機溶剤業務を行うときに決められた措置ができていることを確認するとなっています。一言で言えば、「特化物を取り扱う作業の安全確保」です。

　選任されたら、まず、あなたが作業主任者であることを職場の同僚（同僚）に知ってもらってください。既に職場の同僚全員がわかっている場合はいいのですが、不安がある場合は、職場のミーティングなどで、職場の同僚の前で宣言すればいいでしょう。あなたが管理者や監督者でなければ、上司と事前に相談して、上司から紹介してもらうといいでしょう。

　「作業主任者の職務は法令で〇〇のように決まっているんです」と職務内容の理解も得ておきましょう。「みんなと一緒に安全に仕事をしていきたい」と作業主任者としての心意気を宣言し、あわせて「なり立てで、わからないこともあると思うので協力をお願いします」「"気になること"があれば、一緒にどうしたらいいのか考えたいと思います」などと伝えておいてください。「職場の同僚とともに安全な作業をしていきたい」という気持ちが伝わることが大切

です。
　なお、選任された作業主任者（あなた）が休暇や出張などで不在のとき誰が作業主任者としての職務を行うのかについて上司に確認しておいてください。不在時に作業主任者の職務を行う人（同僚）と課題を共有しておくことが必要です。
　職場内で作業主任者の有資格者で役割分担をすることもできます。たとえば、「換気装置などの月1回の点検を担当する」こととその他の職務（「作業の指揮などをする」ことなど）を分担することができます。このような分担をするときは、分担する内容を明確にして、抜けが生じないようにしてください。このような分担は、自分たちで決めるのではなく、事業場として決めることになります。

＜参考＞労働安全衛生規則による作業主任者の職務の分担

第17条　事業者は、別表第1の上欄に掲げる一の作業を同一の場所で行
　　　う場合において、当該作業に係る作業主任者を二人以上選任したとき
　　　は、それぞれの作業主任者の職務の分担を定めなければならない。

＜参考＞特化則で求められる作業主任者の職務（注記は厚生労働省行政通達）

第28条　事業者は、特定化学物質作業主任者に次の事項を行わせなけれ
　　　ばならない。

1　作業に従事する労働者が特定化学物質により汚染され、又はこれ
　　らを吸入しないように、作業の方法を決定し、労働者を指揮する
　　こと。
2　局所排気装置、プッシュプル型換気装置、除じん装置、排ガス処
　　理装置、排液処理装置その他労働者が健康障害を受けることを予
　　防するための装置[注1]を1か月を超えない期間ごとに点検する[注2]
　　こと。
3　保護具の使用状況を監視すること。
4　（特別有機溶剤に関する職務…省略）

(注1)「その他…の装置」には、全体換気装置、密閉式の構造の製造装置、
　　　安全弁またはこれに代わる装置等がある
(注2) 主な内容としては、装置の主要部分の損傷、脱落、腐食、異常音等の
　　　異常の有無、対象物質の漏えいの有無、排液処理用の調整剤の異常の有無、
　　　局所排気装置その他の排出処理のための装置等の効果の確認等がある

6. 支えられて

　作業主任者は職場の同僚とともに安全を確保する立場ですが、リーダーです。リーダーの役割は、二つあります。一つは、作業主任者としての知識を生かして、特化物による健康障害などが発生しないように作業を指揮したり、特化物などの管理を実施することです。もう一つは、職場の同僚の力を引き出すことです。

　他の仕事でも同じで、同僚に支えられ、助けられて、はじめて「いい仕事」ができます。職場の同僚の力を得て、作業主任者の仕事をしましょう。もちろん、上司の支えも欠かせません。

　では、同僚の支えを得るために必要なことは何でしょうか。立場を入れ替えて考えてみると答えが見えてきます。作業主任者が別の人で、あなたが同僚や部下だと考えてみてください。筆者であれば、次のようなことを心掛けます。

<リーダーとしてこんなことに気をつけたい>
・いろいろな見方・考え方を受け止めて判断する
・自分の持っている情報を幅広く伝える（「情報を伝える」ことは信頼と安心感につながります）
・わからないことはわからないと伝える（格好を付けない）
・わからないことを放置しないで調べる
・上司とのコミュニケーションをしっかり取る（上司の意向も踏まえる、一方で職場を代表して必要な意見・提言をする）
・職場の同僚の話を聞き、大切にする（「できない」と一蹴するようなことはせず、理解を示しながら対応する（なんでも言われるままに従うことではありません））
・問いかけ、相談しながら物事を進める（「こんなときどうしたらいい

Ⅱ　作業主任者になった　　35

と思う？」→職場で検討する→合意する→みんなで実行する)
- 安全のために言わなければならないことは、しっかりと言う（妥協しないことが必要なこともあります）
- 厳しい態度が必要なときがありますが、「怒る」ことではなく、「はっきりと」わかりやすくポイントを絞って真剣さを示す（くどくどと言ったり、愚痴にしたり、後々まで引きずるような対応は同僚の気持ちが離れていくことにつながり、信頼も失います）

III

想像して
見えてくる

職場でどのように特化物を取り扱う作業が行われているか振り返ってみましょう。知り尽くした職場や作業だと思いますが、作業主任者の立場で見ると見え方が変わりませんか。

1. 安全にできる

　安全のことから確認しましょう。特化物を取り扱う場所は、安全に仕事ができる場所でしょうか。機械設備に挟まれたり、転落したりするおそれはないでしょうか。

　特化物作業主任者としての職務は、特化物による健康障害の予防に関することですが、職場のリーダーとして、同僚が安全に仕事ができる状態になっていることを確認しておいてください。作業をする場所でケガをするかもしれないとか、無理な姿勢を続けるといったことになれば、本来の作業に集中することもむずかしくなります。特化物の安全な取り扱いにも影響することがあります。

　明るさ（見やすさ）はどうでしょうか。作業する場所の広さ（空間）は十分ですか。足場が不安定なところでの作業（たとえば、はしごに乗っての作業など）は危険ですし、仕事の質も不安定になります。安定した足場の上で作業ができるようにすると能率も品質も安全も向上します。暑すぎたり（熱中症注意）、寒すぎたりすることはないでしょうか。いい仕事ができる状態になっているか確認しましょう。

　気になることがあれば、自分たちで対応できることは実施し、上司や関係者に頼まなければならないことがあれば、相談して、安全にいい仕事ができるようにしましょう。

2. むずかしいけど

　職場で取り扱っている特化物を確認しておきましょう。取り扱っている特化物は何ですか。特化物は一種類だけでしょうか。

　「SDSを確認する」ことが必要だとテキストなどによく書かれています。SDS（Safety Data Sheet、安全データシート）を隅から隅まで読んでみてください。普段目にすることの少ない専門用語が使われていたりして結構むずかしいと思います。それでも、一度目を通してみましょう。

　すぐに理解できないことがあって当たり前です。むずかしい言葉は、インターネットの検索などで調べてください。事業場の衛生管理者や産業医に聞いてみるのもいいでしょう。SDSに記載されている情報はとてもたくさんありますが、あきらめずに最後まで目を通すことで自信が生まれます。そして、その中で自分の職場で必要な情報が何かを考えてみてください。完璧にわからなくても、取り扱っている特化物がどのような物質なのかが感じられると思います。

　なお、職場にSDSがない場合は、上司や購買担当部門に頼んで入手してください。特化物を提供する者（メーカーなど）にはSDSを交付する義務があります。

　次に特化物の入った容器（缶、びん、袋など）の表示（ラベル表示）も確認してみましょう。取り扱い上の注意事項などが記載されています。SDSの記載内容と少し違うことが記載されているかもしれません。記載されている注意事項通りに、対策を実施することが現実的でないと感じることもあると思います。容器の表示などはメーカーなどが、「こうしておけば間違いなく安全」だと考えるこ

とが記載されています。記載されていることを踏まえながら、実際の作業における安全な作業方法を決めるのは作業主任者の仕事になります。ただし、法令で決まっている取り扱い方を守ることが前提だということも忘れないようにしてください。

　SDSや容器表示を確認したら、取り扱っている特化物の特性を書き出し、特徴をつかんでおいてください。

＜SDSや容器表示で気付くこと＞

たとえば、こんなことに気付きます。

○許容濃度・管理濃度が小さい＝一般的に毒性が強い（ただし、発がん
　性があると許容濃度が示されていないことがある）

○沸点が低い（液体）＝蒸発しやすい＝作業場の特化物濃度が高くなり
　やすい＝特化物の蒸気を吸い込む量が多くなりやすい

○引火点が低い（液体）＝燃える可能性があり、着火しやすい＝火災や
　爆発などに結び付きやすい（引火点が低いと常温でも爆発に結び付く
　可能性のある気中濃度になる）

○爆発範囲＝下限界（濃度）が低いと少しの漏れでも火災や爆発の可能
　性がある／上限界が高いと少しの空気が混ざることで火災や爆発の可
　能性がある

○応急措置＝万が一特化物を吸い込んだり、接触したときの応急措置の
　方法がわかる

○危険有害反応危険性がある＝熱を加えるなどの加工をしたときに、有
　害なガスが発生したりする可能性がある

○保管条件がある＝決められた保管条件で保管しないと危険なことがあ
　るなど

○環境に対する有害性がある＝余ったものを流し台や水路に捨てたり、
　空き地にばらまいたりしてはいけない

＜書き込んでみよう＞

　SDSなどを確認して、取り扱う特化物の特徴を書き出してみて
ください。書き出してみることで、どこに注意して作業をすればい
いのかが、よりはっきりとわかります。

項　目	確認した内容	気を付けたいこと
商品名		
使用目的		
予定している使い方		
特化物名称		
種類		
状態	固形・塊状、粒状、粉状、液体、気体、‥	
特化物濃度（%）		
特化則の区分		
許容濃度（ppm、mg/㎥）		
管理濃度（ppm、mg/㎥))		
沸点（℃）		
引火点（℃）		
比重		
爆発範囲（%）		
他の含有有害物質		
SDSに記載の有害性情報などの特記点		
適用法令		
その他特に気を付けたいこと		

※書き込んでみましょう

Ⅲ　想像して見えてくる　　43

3. こんなことが起きそう

　頭のトレーニングをしておきましょう。どのようなことが起きる可能性があるのか想像しておくことが、実際の業務での的確な指揮や対応に結び付きます。危険予知です。

　作業の中で特化物を使い始めてから、余った（残った）特化物の処理まで、順番に考えてみてください。自分一人で、特化物を取り扱うのではなく、同僚も一緒に作業を行うのですから、「自分ならこうする」という前提で想定するのではなく、「ひょっとしたらこんなことをする人がいるかもしれない」「ひょっとしたらこんなことが起きるかもしれない」と考えてみてください。先入観を持たないで考えることが大切です。作業標準書（作業手順書、作業マニュアル）に書いてあるとおりに作業が進むとは限りません。

　事故や災害は、作業標準書に書かれていない作業方法や作業方法が決められていない仕事、準備や片付け作業、トラブルに伴っての作業などで発生することが少なくありません。通常の作業だけでなく、こぼれたり、漏れ出したりすることも想定してみましょう。

　保管状態も確認しておきましょう。保管容器の密閉性が悪かったり、包装がやぶれていたりして、特化物が床などに漏れたり、散らばってしまう可能性はないでしょうか。空になった容器や包装の中に残った特化物についても同じです。作業服、保護具、特化物を取り扱った用具などには、特化物が付着していないでしょうか。

　吸い込んだり触れてすぐに影響が出ること（急性中毒、急性の健康障害）もあれば、繰り返してのばく露（吸入や接触）によって、影響が蓄積して何ヶ月・何年と経ってから症状（慢性影響、慢性の健康障害）が現れることもあります。急性健康障害に対しては、救

助の手立て（方法、用具）のことも想定しておいてください。

　このようなことを想定しながら、特化物の安全な取り扱い方、特化物に関連した設備の管理、保管を含めた特化物の安全な管理方法など、同僚に伝える内容や伝え方を考えてください。

＜健康障害は、どんなことから起きる？＞

タイミング	どんな状況で	ポイント
搬入		
準備、移し替え（小分け）		こぼれる、こわれる作業方法、作業位置、作業姿勢換気保護具使いかけ、空容器、用具特化物が付着したボロ、紙くずなど
トラブル		
作業中１		
作業中２		
作業中３		
清掃、片付け、汚れを取る		
保管		
搬出、廃棄		

※書き込んでみましょう

Ⅲ　想像して見えてくる　　45

4. 変化すること

　特化物を取り扱う作業に限らず、常に計画通りに「なんの問題もなく」物事が進むということにはなりません。計画していないことが起きたときにどのように判断して行動するのでしょうか。

　仕事を始めたときに、場合によっては仕事を始めようとしたときに、予定（想定していた状況）と違う状況になることがしばしばあります。事故や災害は、このような変化があったときに起きやすいと言われています。変化に伴うトラブルを防止するための対応を確実に行う方法を変更管理（変化点管理）と言います。

　作業を開始する前からわかっている変更（変化）については、作業前に検討をして対応しやすいですが、作業中に起きる変更（変化）をすべて予想するのは、たとえ危険予知をしていてもむずかしいことです。そこで、変更（変化）があったときの標準的な対応をあらかじめ決めて関係者（上司や同僚など）と共有しておきます。

　ここでは取り上げませんが、化学プラントなどで設備・装置や原材料の変更などを行うときの変更管理では、技術的な検討と対応が必要です。

　「変更」とは関係ない場合もありますが、作業メンバーが替わったときに気を付けたいことがあります。女性や年少者の就業が制限されている有害業務があり、労働基準法（女性労働基準規則、年少者労働基準規則）に規定があります。作業メンバーの変更などで気になる場合は、上司や関係者に確認してください。

＜作業前にわかる変更（変化）の例＞

変更（変化）の例	対応・連絡先
・作業を行う場所が変わった ・取り扱い方が変わった ・取り扱う装置や関連する計器が変わった ・特化物の種類が変わった ・取り扱う作業をする人が変わった ・換気装置が変わった ・作業メンバーが変わった ・同一場所で他の作業が行われる ・協力会社が変わった ・消火設備が変わった	

※書き込んでみましょう

＜作業前に予定していない変更（変化）の例＞

変更（変化）の例	対応・連絡先
・作業方法が予定していた通りにできない ・使用している物（特化物など）の特性が予定と違った ・使用している物（特化物など）が足りない ・使用している物（特化物など）が余った ・停まっているはずの設備が動いている ・バルブやコックが開かない（閉まらない） ・足場の腐食が進んでいる ・異臭がする ・換気装置が壊れたり、能力が発揮できていない ・保護具がおかしい（漏れている気がする） ・作業メンバーが変わる ・道具は壊れた、道具を替えた ・特化物がこぼれた ・作業環境が変わった(特化物濃度が高くなった、高温になったなど) ・同僚の様子がおかしい ・周辺で他の作業が行われている	

※書き込んでみましょう

5. 準備しておきたい

　安全に作業ができるように、必要な設備や工具は準備できているでしょうか。「段取り八分（はちぶ＝80％）」とよく言われます。「八分」は言い過ぎかもしれませんが、仕事ができる人ほど、準備をキチンとしているとも言われています。いい仕事をしようとしたら準備が大切です。

　特化物作業主任者として、どのような準備をして作業に臨めばいいのでしょうか。①作業手順・スケジュールの確認、②作業メンバー（分担）の確認、③工具・用具の確認（安全対策、発散防止や火気養生用品を含めて）、④原材料の確認、⑤周辺状況の確認（照明、同一場所での他の作業などを含めて）、⑥換気装置等の確認、⑦保護具の確認、⑧変更時の確認、⑨異常時対応の確認、⑩片付け、などが標準的な準備（確認事項）になるでしょう。

　換気装置と保護具などは、「物」があっても有効に使えなければ意味がありません。不具合のある「物」は、かえって危険な状態を招くこともあります。作業主任者として、作業方法の確認にあわせて、これらの点検を実施する（職場として実施する）ことが必要です。異常時に備えて、避難（経路）、連絡、処置（消火、水洗・洗身・洗眼、救急措置など）とそのための設備や用具なども確認しておいてください。

　実際には作業ごとに必要な準備が異なることになりますので、作業内容に応じて整理して準備することが必要です。毎日繰り返される定常的な作業と、点検作業や補修作業などで変化のある作業、保全整備や清掃のような非定常的な作業では、確認する内容も異なるでしょう。初めての作業であれば、より慎重な検討や確認が必要に

Ⅲ　想像して見えてくる　　49

なります。あらかじめチェックリストを作っておくと抜けのない準備につながります。

6. リスクを確認する

　新たに化学物質を取り扱う場合や取り扱い方法を変更する場合などに、危険性または有害性の調査を行うことが法令で義務付けられています。この調査のことをリスクアセスメントと呼んでいます。リスクアセスメントを直訳すると「危険性評価」になります。法令で通知対象物（SDS交付対象物質）については必ず実施し、その他の化学物質についても実施するように努めることになっています。特化物はすべてリスクアセスメントの対象になります。

　特化物の取り扱い作業についてリスクアセスメントは実施されているでしょうか。実施されている場合は、その結果を確認しておきましょう。リスクアセスメントが実施されていない場合は、速やかに実施して関係者でその内容と結果を共有することが必要です。上司や衛生管理者に申し出てください。

　リスクは、「危害の発生確率」と「危害の重大さ」の組み合わせで評価して（見積りが行われ）、評価の結果は数段階のリスクレベルに当てはめられることが一般的です。化学物質の場合は、「ばく露の量」と「有害性」で評価する方法が一般的です。

　この結果を受けて、できるだけリスクレベルを下げる（安全に作業ができるようにする）措置（リスク低減措置）に結び付けることになります。特に「重大な問題（許容されないリスクなど）がある」場合は、リスクレベルを下げる措置を確実に実施することが必要です。「作業する人自身が気をつける」という対応だけでは不十分ということになります。

　事業場によってリスクアセスメントの方法が違います。もしどのような方法か知らない場合は、上司や衛生管理者に確認してくださ

Ⅲ　想像して見えてくる　　51

い。そして、どのようなリスク低減措置が取られ、その結果のリスクレベルがどのようになっているか確認しておきましょう。リスクアセスメントを実施するときに前提になっている作業方法や措置は実態に合っているでしょうか。リスク低減措置は確実に実施されているでしょうか。もし実態と違っていることに気付いたら、上司や衛生管理者に伝えて見直すことが必要になります。

　リスク低減措置（設備対策など）を実施したとしても、なお残るリスク（残留リスク）に対しては、作業する人がその内容を理解して必要な対策を実施することになります。作業方法での安全確保や保護具の着用などです。作業主任者として、作業方法を決定し、作業を指揮する中で徹底することが求められます。

　ここでは特化物に関するリスクアセスメントのことを想定して記載していますが、他の安全衛生面の課題についてのリスクを評価し、リスクの低減を図る取り組みも行われていると思います。安全に作業を行うために、これらのリスクアセスメントについても確認しておいてください。

7. 相談したい

　特化物による健康障害予防に関する専門的なことや事業場での対応の検討が必要なことに関して相談する相手は誰でしょうか。

　労働衛生対策に関することは、衛生管理者に相談するのが一般的でしょう。衛生管理者は、法令の規定する免許保有者で、常時50人以上の労働者を使用する事業場で選任され、事業場の衛生管理の業務を担うことになっています。作業主任者の職務に関する事項について相談するもっとも適した人ということになります。

　健康への影響については、産業医に教えてもらうのがいいでしょう。産業医は、衛生管理者と同じく常時50人以上の労働者を使用する事業場で選任が義務付けられています。常勤の産業医がいない場合（嘱託産業医）は、衛生管理者を通して相談することが現実的かもしれません。産業医は、産業医としての資格を有する医師です。むずかしく考えずに、気軽に相談すればいいと思います。

　このほか、安全衛生管理を所管する部門や自部門で安全衛生管理を分担する役割の人（決まっている場合）に、相談することもできます。安全に関することを含めて、これらの部門や人に相談することがいい場合が多いでしょう。事業場の組織分掌（役割分担）に沿って相談先を決めることになります。

　このような専門家でなくても、同じ特化物作業主任者として活躍している同僚に、とりあえず相談してみると、実務に則したいい解決方法が見つかるかもしれません。保護具や換気装置、用具の性能や管理などについては、メーカー（取次店）に確認することもできます。

　なお、換気方法や換気装置、保護具、作業方法や設備・用具の変

更などは、上司に相談して対応することになります。たとえ自分では最適だと思っても、職務権限を超えた変更や改善をしてはいけません。

8. 頼りにする

　日ごろ頼りになるのは、職場の上司や同僚です。産業医や衛生管理者という立場と違い、有害性や危険性等に関する専門的な知識は多くないかもしれませんが、仕事を一番よく知る人たちです。特化物の安全な取り扱いに関することも相談できるはずです。素直な気持ちで頼っていくと、頼りにされた人は意気に感じて（積極的な気持ちを持って）あなたを支えてくれると思います。

　ただし、実際の作業の経験があると、どうしても「今まで通りでいい」という判断になりがちです。また、ほとんどの人は身近で特化物による健康障害などの経験がないはずですので「大丈夫」と考えがちです。作業主任者として気になることがあれば、しっかりと自分の判断も伝えて一緒に検討してください。同僚の安全のことを考えてのことですから、遠慮する必要はありません。

9. もしもの時

(1) 応急措置を知る

急性中毒につながる特化物のガスを吸い込んだり、腐食性の特化物が皮膚や粘膜に付いたりした場合にどうしたらいいのでしょうか。間違って飲み込んでしまうなどということもないとは言えません。

このようなときに的確な対応をするためには、それぞれの特化物の人体への影響と応急措置について理解しておくことが欠かせません。特化物の人体への影響は、それぞれの物質で大きく異なります。SDSや容器などに表示されている取り扱い上の注意事項を読んで、応急措置などを確認しておくことは、特化物を取り扱う前提です。もし、よくわからない場合は、産業医などに聞いてみることも大切です。「長年特化物を使っているからみんな分かっているよ」と思うかもしれませんが、作業主任者になった機会にもう一度基本に戻って確認しておきましょう。事業場として異常時の緊急連絡方法も確認しておいてください。作業前に確認してから作業に臨みましょう。

(2) 特化物による急性中毒（「Ⅰ−2. ガス状特化物による急性中毒」参照）

特化物（一酸化炭素、塩素、硫化水素、アンモニアなど）による急性中毒が発生した（発生のおそれがある）ときに特に気をつけたいことは何でしょうか。

もし、同僚に急性中毒の疑われる症状がみられたときは、直ちに救出・救命のために必要な対応をすることになります。「頭が痛い」

Ⅲ　想像して見えてくる　　57

「ふらふらする」「吐き気がする」などといった症状もあれば、重篤な場合は意識を失ってしまうこともあります。取り扱う物によっては「鼻や目が痛い」などといった症状も、特化物が原因の可能性があります。

症状のみられる同僚に「大丈夫か」と聞くと「大丈夫」と答えることも少なくないと思いますが、本人の言葉だけで判断することなく、本人の状態を冷静に見て安全側に対応することが必要です。「気分が悪い」といった程度であっても、安易に考えてはいけません。腐食性のあるガスを吸い込んだ場合には、時間が経ってから肺の組織が侵食されて重篤な症状になることもあります。原因が特化物の取り扱いとは関係のない病気（私病）であることも考えられます。いずれの場合も、同僚の命と健康の問題です。

このような場合の対応の基本は、助けを求めること（一人ですべての対応をすることが危険な場合があります）、被災者を風通しがよく空気のきれいなところに移動させること、医療機関を受診させる（救急車を要請するなど）ことになります。呼吸停止の場合は、AEDの使用や心肺蘇生法の実施が必要なこともあります。医療機関を受診させる場合には必ず誰かが付き添っていくことが大切です。取り扱っている特化物のSDSを医療機関に渡すことができれば速やかで的確な処置につながります。

なお、救出のときに、救出しようとした人が特化物を吸い込んで倒れてしまうということもありますので、安全が確保できる方法で冷静に対応することが必要です。

また、特化物による急性中毒が発生していなくても、発生の可能性が高い状態になったときには直ぐに作業を中止して、退避することが必要です。実際には、仕事をやり遂げたいとか、仕事を遅らせたくないなどといった気持ちが働いて、「これくらいなら大丈夫」

と思いがちですが、たとえそのように思っても一旦作業を中止して、冷静に状況を安全側に判断し対応することが大切です。なお、退避するためには、あらかじめ退避ルートを確認しておくことも欠かせません。

　急性中毒が発生したときには、気が動転してしまい的確な対応が難しくなる可能性もありますので、日ごろから応急措置の訓練をしておくことも大切です。

(3)　腐食性の特化物などへの接触（「Ⅰ－3. 酸などによる腐食」参照）

　酸やアルカリ性物質など皮膚や粘膜に付くと、皮膚や粘膜の組織が傷ついたり、破壊されて、皮膚や粘膜がただれたりします。腐食が徐々に皮膚の奥まで進むこともあります。眼などに入ると失明することもあります。

　皮膚に付いたり、眼に入った場合は、すぐに多量の水で十分に洗い流すことが必要です。その後速やかに医師の診断を受けるようにしてください。

　なお、アンモニア、酸化カルシウムや水酸化ナトリウム（特化物ではありません）などのアルカリ性の強い物質も強い腐食性がありますので、保護具（保護めがね、保護手袋、保護衣など）を着用して取り扱うなど十分な対策を講じて取り扱うことが必要です。

(4)　慢性中毒の懸念への対応

　特化物の慢性中毒（繰り返し特化物の粉じんや蒸気を吸い込むなどしてその結果が健康状態に現れてくる）のおそれを感じたときや同じ作業に従事している複数の同僚に類似の症状（たとえばめまいや肝機能障害）がみられるときは、上司、衛生管理者や産業医に相

Ⅲ　想像して見えてくる　　59

談するようにします。その結果、何も無ければそれでいいですし、対策や治療などが必要な場合は早めに対処できてよかったということになります。

なお、急性中毒や腐食の可能性がない特化物であっても、飲み込んでしまったり、粉じんを大量に吸い込んだりした場合は、医師の診察を受けるようにする必要があります。特化物は人体に有害な物であることを忘れないようにしてください。

＜参考＞特化則に規定されている緊急対応など

（出入口）

第18条　…特定化学設備を設置する屋内作業場及び…建築物の避難階…には、…第三類物質等が漏えいした場合に容易に地上の安全な場所に避難することができる二以上の出入口を設けなければならない。

②　…建築物の避難階以外の階については、…二以上の直通階段または傾斜路を設けなければならない…。

（退避等）

第23条　…第三類物質等が漏えいし…健康障害を受けるおそれのあるときは、…作業場等から退避させなければならない。

②　…第三類物質等による健康障害を受けるおそれのないことを確認するまでの間、…立ち入ることを禁止し、…見やすい箇所に表示しなければならない。

（緊急診断）

第42条　…特定化学物質…が漏えいした場合…労働者が…汚染され、または…特定化学物質を吸入したときは、遅滞なく、…医師による診察または処置を受けさせなければならない。

IV

いざ作業

当たり前ですが、特化物による健康障害の原因は、作業をしているときのばく露（特化物を吸い込んだり、特化物に触れたりすること）にあります。実際の作業が行われるときに作業主任者が果たすべき役割はとても重要です。

1. 決定する

特化則では、作業主任者が「特化物により汚染され、またはこれらを吸入しないように、作業の方法を決定･･･する」こととなっています。あなたの職場では、作業方法を決定する権限はだれにあるのでしょう。もし、あなたが作業方法全体を決める権限が無い場合でも、作業主任者の視点で特化物による健康障害防止に必要なことがあれば、権限のある上司や関係者に伝えて、一緒に対応を考えてください。あなたが黙っていては、誰も気付かないかもしれません。換気装置や保護具を有効に使うことも作業方法を決定することの一つと考えてください。

作業標準書（作業手順書、作業マニュアル）のような形で、作業の仕方を決めておくと、安全な作業方法を徹底しやすくなります。毎日作業の内容が変わることがあっても、共通的な作業標準書は作ることができるはずです。関係者と相談して、職場で作業標準書を作り、その中で特化物による健康障害の防止などに関して必要な事項を決めておきましょう。

実際の作業を開始する前には、作業標準書で作業の方法を確認し、その日の作業で特別に注意しなければならない作業手順があれば、作業に従事する全員でその内容を確認するようにしてください。

Ⅳ　いざ作業　　63

なお、もともと作られている作業標準書の内容で、特化物による健康障害予防の視点で不十分なところがあれば、見直しについても確実に実施するようにしてください。

　作業標準書は同僚と一緒に作るのがベストです。一緒に作ることができなくても、案の段階で職場全員で確認して必要な修正をしたり、完成したものについてメンバーにキチンと説明する機会を設けるといいでしょう。また、書いたものを提示されたり、聞いたりしただけでは、なかなか記憶に残らず、行動に活かせないことがよくあります。作業標準書ができたら、同僚と一緒に作業標準書に従って作業をしてみると実際の作業で活かせますし、作業標準書に課題があれば見直すことにもつながります。新人（新規作業従事者）の教育や訓練でも活用してください。

　いずれにしろ、一番いけないことは、不具合や不安全な状態に気付いているのに「何もしないこと」です。後で悔やむよりも、勇気をもって必要な改善は進めましょう。職場の同僚のためにと考えると一歩が踏み出しやすくなります。

2. 指揮する

　特化物作業主任者が、「・・・特化物により汚染され、・・・吸入しないように、・・・労働者を指揮すること」になっています。もっとも大切な仕事ですが、経験を積んだ監督者でなければ、「指揮する」ことはなかなかむずかしいことではないでしょうか。「Ⅱ－6. 支えられて」の内容と重複しますが、「指揮する」ことについてもう一度確認しておきたいと思います。

　的確に指揮するために、一番大切なことは、指揮される側の立場に立って、どのような指揮をされると「わかりやすいか」、「仕事がしやすいか」を考えて発言（発信）することです。

　「指揮する」とは、必要なことを伝え、実施されていることを確認することです。言いっぱなしでは指揮をすることになりません。また、指揮の内容に納得感がなければ（合理的でなければ）指揮どおりの作業が実施されないことになります。このようなことのほか、指揮をするときに気をつけたい主なことは以下の通りです。

① 　要点をはっきりとわかるように伝える。伝えることがたくさんある場合は、口頭で伝えるとともに、紙に書いて渡すなどの方法を考えてください。重点（絶対に守らなければならないことなど）をわかるように示すことも大切です。特に作業中には気付きにくいことや、通常の作業と違うことなどがあれば、確実に伝えるようにしてください。

② 　伝えたことが実施されているか、実際の作業を見て、必要な指導・アドバイスを行う。同僚が伝えたことと違うことをしている（しそうな）ときは、口に出して伝える。

③ 　健康障害発生のおそれがあると思ったら、躊躇せずに仕事を中

Ⅳ　いざ作業　　65

止して仕事のやり方を見直す。

④　指示したことを自分自身が模範となるように実施する。

　重要なことは、繰り返して伝え、必要によっては復唱してもらうようにします。特に経験の浅い同僚がいれば、作業主任者が直接作業を指導したり、先輩に随伴指導してもらうようにすることが必要なこともあります。ベテランの同僚に対しては、経験豊富なことを尊重し、意見を求めるなどして、率先垂範を促すといいでしょう。「○○さんにならって、みんなで安全にやろう！」

　このようにしていつも「自信を持って指揮をすればいい」と言いたいところですが、「自信が持てないこと」もあると思います。そのときには、仕事をする同僚の意見を聞きながら作業の仕方を決めることがあってもいいでしょう。ただし、安全かどうか迷うときは、必ず安全側に判断することが必要です。「いろんな考え方があるけど、安全な方法でやりましょう」と言って、同僚の納得を引き出して、仕事を進めてください。

　なお、常に100％正しい指示をすることはむずかしいのも現実です。はっきりとした指示をしながらも、想定外の事態には安全と健康を第一に臨機応変の対応を取ることが必要なことを同僚に徹底しておくことも指示を活かすことになります。

　指揮することに慣れていない場合などには、親しい同僚などに指揮の仕方がよかったかどうか聞いてみると次に活かすことができます。

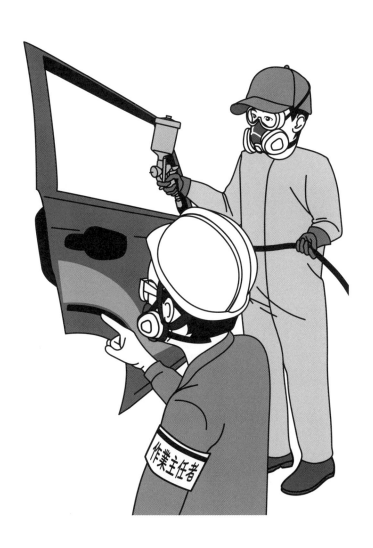

Ⅳ　いざ作業　　67

3. 監視する

　作業主任者の職務として「保護具の使用状況を監視する」ことがあります。保護具は、多くの人たちの過去の辛い経験（健康障害やケガ）を繰り返さないために、教訓を踏まえ、かつ研究の成果を活かして作られています。同僚と保護具使用の必要性を共有するために、メーカーの資料などを参考にして職場の同僚とともに保護具の効果を確認しておきましょう。

　「保護具の使用状況を監視する」といっても、現実には、同僚の保護具の使用状況を常時監視することがむずかしいことも多いと思います。では、「監視する」という作業主任者の職務をどのように果たすのでしょうか。監視していなくても同僚が必要な保護具を正しく使用する状態にすることです。このためには、保護具の効果を職場の共通認識とすることにあわせて重要なことは、作業主任者が「同僚の安全と健康を強く願っている」ことを知ってもらうことではないでしょうか。作業主任者としての思いを伝え続けてもらいたいと思います。また、お互いの安全と健康に関することについては、職場内で同僚同士が遠慮なく声を掛け合える（気付いたことを注意し合える）ように促しておきましょう。

　なお、法令では作業主任者の職務とされていませんが、適切な保護具が使用できるようにしておくことも前提として大切です。防じんマスクを使うべき作業で、防毒マスクを使用しても、本当の意味で保護具（使用者を保護する用具）を使用しているとは言えません。不適切な保護具の使用状況を監視しても意味がありません。適切な（効果のある）保護具を選択し、効果が確実に得られるようにその機能が維持されていることが必要です。その上で、正しく使用する

ことが欠かせません。保護具の管理については、「Ⅴ-7〜10」にも記載していますので参考にしてください。

＜参考＞保護具に関する特化則の規定

（呼吸用保護具）

第43条　…特定化学物質を製造し、または取り扱う作業場には、…
　　労働者の健康障害を予防するため必要な呼吸用保護具を備えなければ
　　ならない。

（保護衣等）

第44条　…特定化学物質で皮膚に障害を与え、もしくは皮膚から吸収
　　されることにより障害をおこすおそれのあるものを製造し、もしくは
　　取り扱う作業またはこれらの周辺で行われる作業に…使用させるた
　　め、不浸透性の保護衣、保護手袋および保護長靴 並びに塗布剤を備
　　え付けなければならない。

②　（省略）に掲げる物を製造し、もしくは取り扱う作業またはこれら
　　の周辺で行われる作業であって、皮膚に障害を与え、または皮膚から
　　吸収されることにより障害をおこすおそれがある…ときは、…保
　　護眼鏡並びに不浸透性の保護衣、保護手袋および保護長靴を使用させ
　　なければならない。

③　労働者は、事業者から前項の保護具の使用を命じられたときは、こ
　　れを使用しなければならない。

（保護具の数等）

第45条　…保護具については、同時に就業する…人数と同数以上を
　　備え、常時有効かつ清潔に保持しなければならない。

（特別有機溶剤等に係る措置）

第38条の8　（省略）

4. 作業環境対策は役に立つ？

　特化物のガスや粉じんが作業場に拡散しないようにするための設備や装置を作業環境対策設備と総称して取り上げます。どのようなものがあるのでしょうか。特化則には、作業の内容によって必要な作業環境対策設備が規定されています。特化物の発生源を密閉する設備、局所排気装置、プッシュプル型換気装置、全体換気装置です。

　職場で使っている作業環境対策設備は効果があるでしょうか。なんとなく「効果があると思っている」ということでなく、実際に効果があるかを知っておきたいものです。効果があることがわかれば、うまく使おうということになりますが、効果がわからないのであれば積極的に使おうという気にならないと思います。

　では、どうやって効果を確かめればいいのでしょうか。換気装置（局所排気装置、プッシュプル型換気装置、全体換気装置）の場合の一番簡単でわかりやすい方法は、スモークテスター（発煙管）を使うことです。目で見て効果が実感できます。なお、決してタバコの煙などで気流を確かめるようなことはしないでください。火災や爆発の原因になります。

　作業環境対策設備の内、局所排気装置、プッシュプル型換気装置、除じん装置、排ガス処理装置及び排液処理装置（この項ではまとめて「換気装置等」と記載します）は1年以内ごとに1回の定期自主検査を実施することが特化則で定められていますが、このときにキチンと点検しても1年間トラブルなく十分な効果を発揮するとは限りません。このようなこともあり、作業主任者の職務としても換気装置等の点検を1ヶ月以内ごとに1回実施することになっていますが、1ヶ月に1回だけでは不十分だと思います。毎日、もう少し言

Ⅳ　いざ作業　　71

えば、作業前に換気装置等が正しく稼働するか確認して、作業中は常に換気装置等が有効に稼働する（能力をフルに発揮する）ようにすることが必要です。

　換気装置等が、永久に必要な能力を発揮し続けるということはありません。必ずこわれる（故障したりする）ものです。こわれたり、能力が低下したときに事故が起きます。もし、換気装置等の能力が十分発揮されていないようであれば、上司や関係者に連絡して改善してください。

　なお、安全のための点検でケガをしてしまっては本末転倒です。点検するときに、ファンなどの回転物や稼働部分に巻き込まれたり、挟まれたりしないようにしなければなりません。ファンのカバーに隙間（破れている、網目が粗いなど）があって指を入れてケガをするという事例もあります。点検の方に気を取られて危険な場所に立ち入ったり、危険な部位に接触しないようにすることも必要です。不安定な足場に乗っての点検も危険です。安全に点検できるように足場などを準備しておきましょう。職場（作業主任者の力）で対応できない場合は、上司に相談してください。

　個々の作業環境対策設備の特徴や管理については「Ⅴ−4〜5」に記載していますので確認してください。

Ⅳ いざ作業 73

5. 見まわして感じる

　作業主任者として、特化則に規定された一つひとつの職務を確実に実施していくことが大切なことは言うまでもありませんが、もう一点、とても大切なことがあります。それは、全体を見まわすことです。個々のことではなく、「全体の状況を感じる」といってもいいかもしれません。整然と手順通りに作業が進んでいても、「なにか違和感を覚える」とか「なんとなく無機質（冷たい印象）でピリピリした状況を感じる」などということはないでしょうか。「とげとげしい言葉のやり取りがある」とか「みんなの目がうつろだ」などということもあるかもしれません。このようなときには、どこかに解決すべき課題があります。

　どうすればいいのかは、ケースによって違いますが、簡単に課題を確認する方法として「声をかける」ことがあります。「〇〇さん、順調にいってる？」「〇〇くん、疲れてないか？」「〇〇さん、うまいことできてるなぁ！」などと声をかけて、作業主任者として「一人ひとりのことを気にかけている」ことをまず示してください。反応を感じながら「困っていること」や「変えた方がいいこと」がないか聞いてみましょう。同僚間のコミュニケーションの問題があるかもしれません。

　同僚が仕事をしている様子をみて、「もっと上手に（うまく）できる方法」「より安全にできる方法」に気付けば伝えることも大切です。「もっと楽にできる方法」についてアドバイスをすることによって職場の雰囲気がかわることもあります。作業主任者に対する信頼も高まり、全体の作業が円滑にいい仕事ができることにもつながります。むずかしい面がありますが、心がけてみてください。

74

なお、一人で解決できそうもない問題がある場合は、上司に相談してみましょう。

V

知っておきたい

作業主任者の知識として欠かせないことは、作業主任者技能講習の中で説明があったと思います。忘れてしまったとしても、作業主任者テキストで確認することができます。この章では、知識をふくらませて、より的確な仕事につながると思われることを取り上げます。

1. 特化物が漏れる

　特定化学設備（第三類物質等（特定第二類物質および第三類物質）を製造または取り扱う設備（移動式の物を除く））の管理や特化物の漏えい防止に関する具体的な措置については、特化則の第4章（第13条～第26条）に規定されていますので確認してください。日常の作業の中で管理すべきこともあります。

　また、特化則（第22条、第22条の2）では、特化物に関わる設備の改造などの作業の安全確保についての規定があります。この作業を安全に行うために「特化物による健康障害の予防について必要な知識を有する者のうちから指揮者を選任し、作業を指揮させること」とされています。この指揮者に特化物作業主任者がならなければならないということではありませんが、指揮者にふさわしい人ということになります。このような役割を担うこともあると考え、どのような措置が必要か確認しておいてください。

　なお、液体やガス状の特化物の特定化学設備への搬入や使用後の搬出などのときに漏れないようにすることも必要です。タンクローリーなどでは、その運転手が漏れ出した特化物にばく露されたという事例もあります。事業場外の納入業者の運転手などの安全管理は作業主任者の職務外になりますが、安全に仕事をしてもらうために

必要な指導や措置を講じるようにしてもらいたいと思います。

<参考>「設備の改造などに関わる措置」に関する特化則の規定

（設備の改造等の作業）

第22条　…特定化学物質を製造し、取り扱い、もしくは貯蔵する設備または…タンク等で、…特定化学物質が滞留するおそれのあるものの改造、修理、清掃等で、これらの設備を分解する作業またはこれらの設備の内部に立ち入る作業（…酸欠則…の第二種酸素欠乏危険作業及び酸欠則第25条の2の作業…を除く。）を行うときは、次の措置を講じなければならない。

1　作業の方法及び順序を決定し、…従事する労働者に周知させること。

2　特定化学物質による…健康障害の予防について必要な知識を有する者のうちから指揮者を選任し…作業を指揮させること。

3　…設備から特定化学物質を確実に排出し、…接続しているすべての配管から作業箇所に特定化学物質が流入しないようバルブ、コック等を二重に閉止し、またはバルブ、コック等を閉止するとともに閉止板等を施すこと。

4　…閉止したバルブ、コック等または施した閉止板等には、施錠をし、これらを開放してはならない旨を見やすい箇所に表示し、または監視人を置くこと。

5　…設備の開口部で、特定化学物質が…流入するおそれのないものをすべて開放すること。

6　換気装置により、…設備の内部を十分に換気すること。

7　測定その他の方法により…設備の内部について、特定化学物質…健康障害を受けるおそれのないことを確認すること。

8　…閉止板等を取り外す場合に…、特定化学物質が流出するおそれのあるときは、…閉止板等とそれにもっとも近接したバルブ、コック等との間の特定化学物質の有無を確認し、必要な措置を講ずること。

9　非常の場合に、直ちに、…設備の内部の労働者を退避させるための器具その他の設備を備えること。

10　…従事する労働者に不浸透性の保護衣、保護手袋、保護長靴 、呼吸用保護具等必要な保護具を使用させること。

②　…前項第7号の確認が行われていない設備…の内部に頭部を入れてはならない旨を、あらかじめ、…従事する労働者に周知させなければならない。

③　労働者は、…第10号の保護具の使用を命じられたときは、これを使用しなければならない。

第22条の2　…特定化学物質を製造し、取り扱い、もしくは貯蔵する設備等の設備（前条…の設備及びタンク等を…）の改造、修理、清掃等で、…設備を分解する作業または…内部に立ち入る作業（…酸欠則…の第二種酸素欠乏危険作業及び酸欠則第25条の2の作業…を除く。）を行う場合…設備の溶断、研磨等により特定化学物質を発生させるおそれのあるときは、次の措置を講じなければならない。

1　作業の方法及び順序を決定し、…従事する労働者に周知させること。

2　特定化学物質による…健康障害の予防について必要な知識を有する者のうちから指揮者を選任し…作業を指揮させること。

3　…設備の開口部で、特定化学物質が…流入するおそれのないものをすべて開放すること。

4　換気装置により…設備の内部を十分に換気すること。

5　非常の場合に…労働者を退避させるための器具その他の設備を備えること。

6　…従事する労働者に不浸透性の保護衣、保護手袋、保護長靴、呼吸用保護具等必要な保護具を使用させること。

②　労働者は、…第6号の保護具の使用を命じられたときは、これを使用しなければならない。

2. 健康診断を活かす

　特化物（第三類物質を除く）を常時取り扱う作業を行う場合は、6ヶ月以内ごとに特化物健康診断（特殊健康診断）を受けることになります。

　塩酸、硝酸、硫酸、亜硫酸（二酸化硫黄）、弗化水素などの蒸気などが発散する場所での業務に常時従事する場合は、6ヶ月以内ごとに歯科医師による健康診断（歯牙酸蝕症などの診断）を受けることになります。

　これらの健康診断は、体重や血圧などの検査をする一般定期健康診断とは別です。特化物を取り扱う作業を行う同僚が確実にこれらの健康診断を受診するように周知したり、確実に受診できるように配慮することが必要です。一般健康診断を含めて健康診断の結果は、受診者本人に必ず通知されますので、特に作業を行う上での配慮が必要な結果になっていないかは確認しておきましょう。もし、気になる状況があれば、衛生管理者や産業医に確認してみてください。

　特化物健康診断で共通して確認する項目は、業務経歴、特化物による過去の異常所見等、特化物による自覚症状（自分で感じる症状）と他覚症状（医師等が診て判る症状）です。検査項目は、取り扱う特化物の種類によって（有害性によって）異なり、胸部のエツクス線直接撮影、尿検査、血液検査などが検査項目に含まれる場合もあります。

　なお、発がん性が懸念される特化物など（特別管理物質）を取り扱う作業に一定の期間以上従事した場合など、国から健康管理手帳が交付され退職後も健康診断を受けることができる場合があります。必要な場合は、衛生管理者に聞いてみてください。

V　知っておきたい　81

3. 測定結果から見えてくる

(1) 定期作業環境測定とは

　特化物（第三類物質以外）を取り扱う業務を行う屋内作業場は、6ヶ月以内ごとに1回、事業場として作業環境測定をしなければならないことが特化則で規定されています。作業環境測定士という資格を持った人（作業環境測定機関）が、この測定を実施することになっています。作業主任者の測定に関する責任や役割についての規定は法令にはありませんが、作業環境測定は、「仕事をする場所（環境）が安全かどうか」を確認する重要な手段です。作業主任者としても関心を持っておきたいと思います。

(2) 的確な測定ができるようにする

　作業環境測定の結果が、作業の実態をより正確に反映できるように、作業主任者として意識しておきたいことがあります。法令では、「場の測定（A測定）」と言って、作業場（単位作業場）の数か所（5点以上）に測定点を決めて、サンプリング（空気中の特化物の採取）を行います。あわせて、発散源に近い場所での作業がある場合は、作業位置で濃度がもっとも高くなるタイミングで測定（B測定）を行います。測定点や測定のタイミングが変われば、測定結果も変わる可能性があります。作業環境測定士が的確にデザインする（測定点や測定のタイミングなどを決める）ことができるように、求めに応じて作業方法や作業位置などの必要な情報を伝えるようにします。

Ⅴ　知っておきたい　　83

(3) 測定結果を活かす

　測定結果を確認したときにも、測定点や測定のタイミングの関連で気になることがあれば作業環境測定士や衛生管理者などの関係者に伝えてください。法令で、測定結果の評価等について事業場の労働者（もちろん作業主任者も含まれます）は確認できることになっています。

　測定結果に課題がある場合（第二管理区分や第三管理区分だったときなど）には、その原因を作業主任者としても把握して、衛生管理者などの関係者とともに特化物による健康障害防止に必要な措置を講じることになります。作業の方法に課題がある場合、作業環境対策（局所排気装置など）に問題がある場合、堆積した特化物が原因の場合、容器の密閉が不良（蓋が無いなど）の場合などさまざまな要因が考えられます。

(4) 変化する作業環境

　作業環境中の特化物濃度は、いろいろな要因で変化していきます。6ヶ月に1回の測定の結果が良好だったからといって、その後もずっと良好（大丈夫）ということではありません。時々刻々と状態は変化しているといってもいいでしょう。日常の作業の実態を見ている作業主任者として、測定の結果を参考にしながらも、日々の作業の状況に応じて特化物健康障害防止のために必要な措置を確実に実施することが必要です。

(5) 必要に応じて確認する

　第三類物質は、特化則では定期作業環境測定の対象になっていませんが、必要だと感じる場合は、衛生管理者などの関係者と相談してみてください。作業の指揮や保護具着用の徹底に活かすことにつ

ながることがあります。作業環境対策設備の充実が必要だとの判断になるかもしれません。

V 知っておきたい

4. 局所排気装置等の流れを活かす

(1) 「局所」で排気する

　「局所排気装置」という呼び方どおりの目的を果たせるようにしたいものです。「局所麻酔」という言葉を知っていると思いますが、狙いとする範囲だけに麻酔をかけることになります。局所排気装置の場合は、「局所」＝「特化物が発散する場所」の排気を目的にした装置です。目的が果たせるようにしなければ、「局所排気」ではないということになります。

(2) 排気を活かす使い方

　多くの局所排気装置やプッシュプル型換気装置（この項では、あわせて局所排気装置等と記載しています）は微弱な気流で空気中の特化物を排出する設計になっていることも重要な特徴です。微弱な気流をうまく使えるようにしなければ効果は期待できません。

　特化物を確実に排気させるためには局所排気装置等の排気フードの近くで特化物を取り扱えるように作業を行う（作業する場所に排気フードを設置する）ことが原則です。あわせて、作業する人が、特化物が高濃度で含まれる空気の流れ（排気）の中に入らない（蒸気の流れの中で呼吸しない）ような作業方法・作業位置にしなければいけません。

(3) 能力を発揮させる

　局所排気装置等の性能や検査・点検などは、特化則で決められています。必要に応じて検査（定期自主検査）や点検の結果を確認してください（「IV－4. 作業環境対策は役に立つ？」参照）。

定期自主検査で確認した制御風速などの指標では必要な能力があると判断された局所排気装置等でも、暑さ対策の扇風機や送風機からの風、建物に入ってくる風などで排気の気流が乱れて、定期自主検査の結果の数値で示されたほどの効果が発揮されないことがあります。注意して換気の様子を確認してください。

　プッシュプル型換気装置では、プッシュ気流が作業する人や障害物（製品など）に当たると乱れて効果が発揮されないこともあります。空気中にただよう特化物を運ぶプッシュ気流の上流側に背中を向けて入ると、懐側（お腹の側）が負圧になって渦ができて、呼吸する位置の特化物濃度が高くなることもありますし、気流が乱れて特化物の排気が十分できないこともあります。このような場合は、作業方法を見直すなどの対応が必要です。また、プッシュプル型換気装置は、乱れの少ない気流を吹き出して（プッシュ）、吸い込む（プル）ことになります。圧空（圧縮空気）のように吹き出す気流になってしまっては、空気の流れに渦ができて乱れ、効率的に特化物を排出することができません。繊細な装置だと理解して、プッシュフードからプルフードへの気流を管理することが必要です。

(4)　空気の入口

　局所排気装置で特化物を排気する（空気と一緒に排気する）ためには、排気される（特化物を運ぶ）空気が必要です。作業室の中の局所排気装置が設計値ほど排気しないので調べたら、空気の入ってくる場所がなかったという例もあります。このような部屋は、室内が負圧になっていて出入口の扉が開けにくいとか、バタンと扉が閉まることで気付くこともあります。室外の空気を入れるための給気孔が必要です。どこから空気が入ってきて（供給されて）どのような流れになって特化物とともに排出されるのか調べてみてくだ

V　知っておきたい　　87

い。家庭で使っているガスレンジの上のレンジフードなどでも、ファンは回っているのに、部屋の中に空気が入らずにうまく排気されないことがよくあります。

　作業主任者テキストにも局所排気装置等の効果を上げる方法や有効な使い方が記載されていますので確認してください。

(5)　排気処理装置なども確実に

　ほとんどの特化物の局所排気装置等には、除じん装置や排ガス処理装置が付設されていて、これらの装置が有効に機能しているかについての確認も必要です。作業主任者の職務として「除じん装置、排ガス処理装置、排液処理装置などを1か月を超えない期間ごとに点検すること」が法令で規定されていることも忘れないようにしてください。

プッシュ気流が作業者に
当たると効果が発揮されない！

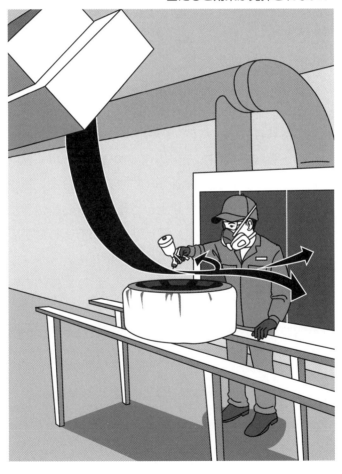

V　知っておきたい　89

5. 全体換気装置で換気する

　密閉された（扉や窓を閉め切った）部屋の壁に換気扇があって、換気扇のスイッチを入れました。換気扇の羽根は回るでしょうか。答えは、「回る」です。ただし、回っているのですが、十分な換気（部屋の中の空気を入れ替えること）はできません。局所排気装置で空気の供給が必要なことと同じです。外から空気の入らない場所では、換気扇はほとんど空回りしていることになります。

(1)　いろいろな全体換気装置
　全体換気装置には、建物の壁などに組み込まれた固定式のもの（換気扇など）とポータブルファン（持ち運びできる軸流ファンタイプなど）のような移動式（可搬型）のものがあります。建設作業や保全作業などの出張作業（現地に出向いての作業）ではポータブルファンがよく利用されます。自然換気（建物内の温度分布（熱源などによる）から生じる空気の流れを利用して屋根や壁の開口部から換気する方法）は、天候や気温などに換気効果が左右されやすく、能力が不安定なため特化物の換気には適していません。
　換気装置の使用に当たって、一番大切なことは、換気される（空気中の特化物が排出される）ことです。このためには、換気装置の持っている能力が十分あること、能力が発揮されること、能力を十分活かせるように使うことが大切です。

(2)　能力の確認
　換気装置の能力は、取扱説明書や換気装置に貼り付けてあるラベルに記載されています。じっくりと見たことはありますか。能力が

90

足りているか一度確認しておきましょう。作業する場所の広さや位置によって必要な能力が変わります。不十分なときは、能力のあるものを使うか、台数を増やす必要があります。必要な能力があるか判断できない場合は、衛生管理者などに確認してもらってください。作業場の環境中の特化物の濃度を安全な濃度まで下げる能力が必要です。

(3) 能力を発揮させる

　ポータブルファンのフレキシブルダクト（スパイラル風管）の中を空気が流れるときには、抵抗（圧力損失）があります。特に長いフレキシブルダクトを使う（2本以上をつないで使うなど）場合は、流れる空気の量（送排気量）が想定しているよりも減ることがあります。しっかりとした確認が必要です。

　フレキシブルダクトを分岐（途中でタコ足状にダクトをつなぐなど）して使うときは、すべてのダクトに同じ風量が流れる（同じ排気量になる）とは限りません。このような使い方も注意が必要です。

　フレキシブルダクトが捻じれて流れが止まったり、ダクトに孔が開いたり、接続部に漏れがあったりしては換気装置の能力が発揮されませんので、十分注意しなければいけません。

　換気装置の能力を発揮させるためには、何が必要でしょうか。当たり前ですが、まず「電源につなぐ」「スイッチを入れる」ことです。動かなければ能力が発揮されるはずもありません。ポータブルファンの場合は、プラグがコンセントから抜けないようにしておくこともとても重要です。

　なお、可燃性の特化物を取り扱うときなど爆発のおそれがある場所では、防爆タイプの換気装置にしなければ危険です。

Ⅴ　知っておきたい　　91

⑷ 点検整備する

　能力が発揮されるように整備（点検・保守）しておくことも欠かせません。作業主任者の職務の一つとして全体換気装置の点検があります。自分自身で点検するか、同僚にやってもらうかは別にして、作業主任者としての確認が必要です。固定式の場合も移動式の場合も点検表がなければ、作成して確実に点検するようにしてください。メーカーが作った点検表もあるはずですので確認してください。事業場として統一した点検表にする場合は、衛生管理者などに相談して作ってもらいましょう。

⑸ 効果的に使う

　換気装置の能力を活かすために大切なことは、空気中の特化物の濃度が下がるように使うことです。特化物の含まれた空気の比重（周りの空気よりも重いか軽いか）についても考慮することが必要です。また、効率的な換気のために確認したいのが、気流（換気装置による空気の流れ）です。どこから清浄な空気が入ってきて、特化物のガスや粉じんなどがどのように出ていくかを確認してください。換気しているつもりでも、換気装置の使い方が適切でないとまったく効果がありません。空気中の特化物の濃度が一番高い空気が効率的に排気されるためには、特化物の発生源の近くで排気できるように作業を行う（換気装置を置く）ことも必要です。

　換気の方法には、排気するだけでなく、外から清浄な空気をたくさん入れて空気中の特化物の平均的な濃度を下げる方法もありますが、この場合も作業場所で発散した空気中の特化物がどのように外に出ていくかが問題で、結構むずかしい方法です。どのように換気装置を使う場合でも、発散する特化物の性状・動きを踏まえて使用することが重要です。

<ポータブルファンの点検項目例>取扱説明書を確認してください

部位	点検項目例
スイッチ	損傷、作動不良
電源ケーブル	キンクや被覆の傷
差込みプラグ	変形やガタ
ファン	損傷(亀裂や欠損など)、ゴミや油などの付着
ファンケーシング	変形、網目の損傷(破れなど)
モータ	異音や異常な発熱、発煙、異臭
モータケーシング	変形、ごみ付着(冷却用孔の詰り)、締め具(ゆるみ)
フレキシブルダクト	破れ、孔、接続具(変形など)

V 知っておきたい　93

6. 検知・警報器を使う

　特化則では「特定化学設備を分解したり、その内部に入ったりする作業では、測定その他の方法により特化物による健康障害のおそれがないか確認すること」といった内容の規定もあります。

　法令での規定に関わりなく、急性中毒のおそれのあるガス状の特化物（「Ⅰ-2. ガス状特化物による急性中毒」参照）を取り扱うときは、安全確認のために、作業場の特化物の漏えい状態の確認を定置形、携帯形、個人装着形などの検知・警報器で行うことになります。

(1) 定置形検知・警報器

　定置形のものは、特定化学設備などから特化物の漏れを確認するために、漏れる可能性の高い場所、漏れてはいけない場所、特化物が流れ込むおそれのある作業場や通路などに設置されます。特化物を検知したときに、警報で周囲に知らせたり、運転室（操作室）で遠隔で確認できるようにします。他の生産設備などと同じように、保守管理部門（担当）を決めて管理する（定期に点検し、整備する）ことが必要です。

(2) 携帯式検知・警報器

　携帯型のものは、肩に掛けられるタイプが一般的で、特化物が漏れていないか、漏れてこないかを作業をする従業員（作業主任者など）が、作業前や作業中に測定して安全を確認することになります。作業中連続して測定することもあります。どこで（どの測定点で）、どのようなタイミングで測定するのかによって測定値が異なること

があり、作業中の安全を確保するために測定方法についての十分な検討が必要です。

(3) 個人装着形検知・警報器

　個人装着形のものは、ポケットに入るくらいのサイズのもので、特化物が存在する可能性のある場所で作業を行う従業員の胸元やヘルメットなど（口や鼻に近い場所）に装着して使います。連続して測定することが前提になります。特化物による急性中毒のおそれのある場所で作業を行う全従業員が装着することが基本ですが、代表者が装着することもあるようです。

　個人装着形の検知・警報器を装着していると、特化物のガスを吸入するおそれがないといった安心感（「守られている」といった感覚）があるかもしれませんが、急激な濃度の変化がある場合、警報が出たときには一気に高濃度になってしまっていることもあります。低濃度の場合を含めて特化物を検知したときにどのような行動（避難、空気呼吸器を装着しての原因究明、関係者への連絡、立入禁止措置など）を取るのかを決めて、装着者に周知しておくことが欠かせません。警報が出る濃度の設定も慎重に検討する必要があります。

　作業中に検知・警報器が汚れる（水や油が掛かる、粉じんが付着するなど）ことや破損する（ぶつけたり、落としたり）ことなどがあります。このようなことがあれば、正しく検知されないことになりますので注意が必要です。また、検知・警報器が汚れたり濡れたりしないように作業服や雨合羽などの内側に装着したりすると正しく検知されず、装着している意味がなくなります。個人で管理する場合は、本人が良かれと思ってしていることが、本来の役割を妨げることがありますので、作業主任者としても注意しておいてください。

Ⅴ　知っておきたい　　95

(4) 検知管方式での測定

検知管方式は、ガス採取器（ポンプ）に薬剤（ガスに反応して変色する）が入ったガラス検知管を付けて測定する方法です。簡易に測定できますが、連続しての測定はできません。検知管にも寿命があります。検知管の箱に表示してありますので、有効期間内の物を使用することが欠かせません。有効期間を超えた検知管を使用して測定して変色する（測定値がでる）ことがあっても正確な値を示していないと考えてください。安全を確認できないことになります。検知管は、消耗品ですので必要なギリギリの数を準備するのではなく、余裕を持って準備して、変則な事態にも対応できるようにすることが必要です。

(5) 行動の仕方を決める

検知・警報器などで作業の安全を確保するためには、特化物のガスを検知したときにどのように行動するのかを決めておく必要があります。前述したように、急激な濃度の変化も想定して、どのような濃度のときにどのように対応（行動）するのかを決めておくことが欠かせません。安易な対応基準を決めるとかえって危険なこともあります。安全側に設定した基準を守り続けることも極めて大切です。

(6) 点検など

携帯形や個人装着形の場合は、使用する人が自ら使用前に、点検し、零点の確認などキャリブレーション（校正）したりすることが必要です。バッテリーの状態確認やセンサーの寿命確認も欠かせません。これらの測定器・警報器は定期にセンサーの交換なども必要ですから、定期にメーカーなどの点検を受けて正しく機能するよう

にしておくことが必要です。

　検知・警報器は職場での定期点検も必要です。メーカーの説明書などに従って、点検表を作って確実な点検に結び付けてください。検知・警報器の利用や点検について気になることがあれば、上司、衛生管理者やメーカーに相談しましょう。

7. 防じんマスク・防毒マスクを活かす

　特化物を取り扱う作業で使う呼吸用保護具の代表として防じんマスクと防毒マスクがあります。見掛けは似ていますが、効果（特化物の吸入を防止する性能）はまったく違います。また、これらのマスクは作業環境中の空気をマスクを通して吸うことになりますので、酸素濃度が低い場所では使えません。

（1）　防じんマスク

　防じんマスクはフィルターで、粉じんを除去することによって着用者が粉じんを吸い込むことを防止するものです。ガス状の特化物には効果がありません。フィルターの性能は厚生労働省が規格で示していますので、適切なものを使用することが必要です。

＜参考＞特化物の粉じんに使うことができる防じんマスク

厚生労働省通達「防じんマスクの選択、使用等について」より抜粋

粉じん等の種類及び作業内容	防じんマスクの性能の区分	
オイルミスト等が混在しない場合	RS1、RS2、RS3 RL1、RL2、RL3	DS1、DS2、DS3 DL1、DL2、DL3
オイルミスト等が混在する場合	RL1、RL2、RL3	DL1、DL2、DL3

（2）　防毒マスク

　防毒マスクの吸収缶には、いろいろな種類があります。除去すべき特化物に合った吸収缶を選択しなければ効果はありません。吸収缶の説明書などで確認しましょう。よくわからない場合は、衛生管理者に確認してください。

この防毒マスクは高濃度のガス状の特化物があるところでの作業には適していません。使用可能な上限の濃度は、防毒マスク（吸収缶）の使用説明書で確認できます。低濃度の環境での使用するもので、特化物の吸入を少しでも減らすために使うものだと考えておくといいでしょう。現実には換気装置などと併用される（一緒に使う）ことが多いと思われます。なお、粉じんも一緒に除去することが必要な場合は、防じん機能を有する吸収缶を使用することが必要になります。

　吸収缶の管理に関して要点を確認しましょう。「破過」は、吸収缶による特化物の吸着（除去）可能量を超えて、特化物が吸収缶を通り抜けてしまうことをいいます。吸収缶が有効に使える時間（破過時間）は、大まかに言えば、特化物の種類と濃度、呼吸量、温湿度によって決まります。防毒マスク用吸収缶に添付されている破過曲線図を参考に、除毒能力に余裕を持たせた使い方をしてください。吸収缶の交換のタイミングや予備品の準備については、衛生管理者などの関係者と相談して、職場で基本となる基準を決めておくことが必要です。

　また、使用済みの吸収缶は、袋などに入れて廃棄しましょう。吸着された特化物が揮発する可能性があります。

(3)　効果のあるものを使う

　「効果のある保護具」を「効果があるように使用」することが必要です。防じんマスクや防毒マスクが効果を発揮するのは、特化物を含んだ空気が、フィルターや吸収缶を通って、特化物が除去（吸着）されて、清浄な空気を呼吸器（鼻や口）から吸い込むことで効果が発揮されます。効果が発揮されるようにするためには、次のような点の確認が必要になります。

① 隙間（顔と面体の間、面体自身の傷・劣化、排気弁）から特化物が入り込んでこない（顔の形、大きさに合ったマスクを使用する、密着性を確認する、排気弁（吐いた息が出ていく孔の弁）がキチンと作動する（弁が正しく取り付けられている、弁が劣化していない））

② フィルターや吸収缶が機能する（フィルターや吸収缶の選択が正しい、フィルターが目詰まりしていない、特化物が透過（破過）していない（効果がある）、有効期限内の吸収缶（側面に記載がある）を使っている、水にぬれたり塗料が付着したりしていない）

このようなことを確認するために、定期的な点検と使用開始前点検、使用時の密着性の確認（フィッティングテスト）が必要です。点検の方法は保護具メーカーの資料や作業主任者テキストなどで確認してください。

どんなものでも同じですが、使用を繰り返していると時間の経過とともに機能が落ちてきます。保護具に共通する機能低下で、もっとも多いのが損傷と劣化です。保護具は、ゴムやプラスチックなど、キズが付いたり、孔が開いたりする可能性のある素材が使われていることが多くあります。時間の経過とともに劣化したり、伸びてしまったりすることもあると考えておきましょう。目で見てわかる場合もありますが、引っ張ったりすることでわかることもあります。

(4) 着用の判断

特化則では「特化物（一部を除く）の発散源を密閉する設備、局所排気装置またはプッシュプル型換気装置を」設けたときなどは、防毒マスクなどの呼吸用保護具の着用を必ずしも求めていません。これは、局所排気装置などにより特化物の粉じんや蒸気などが排出されたりして作業環境中に発散することがなく、健康障害のおそれ

がある状態ではなくなっているとの考え方によるものと思われます。ただし、現実には局所排気装置などが常に完璧に能力を発揮するとは限りませんし、作業の方法によっては、特化物にばく露されるという可能性があるかもしれません。作業の段取りや片付けまで含めて考えてみてください。法令に従うということだけでなく、より安全な作業を行うようにするという視点で、保護具使用の要否を考えるといいと思います。

　なお、防じんマスクや防毒マスクも進化し、電動ファン付き呼吸用保護具も開発されています。これは面体の中が常に陽圧になるようにファンが内蔵されているものです。面体と顔面の隙間からの漏れによる影響がなく、呼吸も楽になります。必要性を感じる場合は、上司や衛生管理者に相談し、保護具メーカーの説明をよく確認してみてください。

＜参考＞厚生労働省通達（いずれも平成17年2月7日）
・「防じんマスクの選択、使用等について」
・「防毒マスクの選択、使用等について」
　インターネットでも検索できますので、確認してみてください。作業主任者テキストの巻末「参考資料」にも掲載されています。

8. 空気呼吸器を活かす

　職場では、毎日のように空気呼吸器を使用していますか。それとも緊急事態への対応（救出など）のために準備しているのでしょうか。ここでは、主として後者の場合を想定して、使用や管理の考え方の要点を取り上げます。使用上の注意や管理（点検）のポイントは、作業主任者テキストなどに記載されていますので、確認してください。それぞれの呼吸用保護具に合った管理については、メーカーの資料・情報を確認してください。

(1) 誰でも使えますか
　空気呼吸器は、職場の全員が正しく使えるでしょうか。緊急時の使用などを想定しているのであれば、誰でも使用できるようにしておく必要がありますが、空気呼吸器の装着は、訓練しておかなければむずかしいものです。装着に手間取っていては、対応が遅れてしまいます。また、誤った使い方をするととても危険です。空気呼吸器を使用する場所で、間違った使い方をすると特化物などを吸い込む（急性中毒の原因になる）可能性があります。繰り返して訓練するようにしましょう。定期的に（たとえば毎月初めに）訓練する日を設定しておくと確実に訓練ができます。

　めがねをかけている人は面体（全面体の場合）と顔の間に隙間ができます。近視や遠視（老眼）のめがねを外して作業ができるのか確認しておきましょう。ボンベの圧力指示計の見方や残圧が少なくなったときの警報音についても確認しておいてください。緊急作業の場合には、作業に集中して警報音が耳に入りにくいとか、作業場の騒音がうるさくて聞き取りにくいということも考えられます。

(2) 使用可能時間は？

　訓練のときには、ボンベの空気がどのくらいの時間連続して使えるかを実際に使用して確認してみることも大切です。人によって呼吸量（空気の使用量）は違いますし、緊急時への対応時には呼吸量が増えます。救出などで筋力を使うときはなおさらです。連続して使用できる時間を、計算値だけでなく、実際に使用して確認し、安全率を見込んであらかじめ確認しておいてください。一人一回は、訓練として実際に使用して連続使用可能時間を確かめておくことができるといいと思います。ボンベから供給される空気（酸素）の量には限界がありますので退避の時間も考えて余裕のある使用限界時間を確認しておくことになります。

　また、空気呼吸器はボンベなどを背負うことになります。背中に背負っているものの存在について注意を払うことは結構むずかしいことです。ボンベだけでなく、中圧ホース、圧力指示計などの突起物が作業や移動するときにじゃまになることもあります。救出用に準備していても、入口が狭かったり、通路の障害物があって空気呼吸器を装着した状態では通れないといったことがないようにするためにも訓練や作業場の状態の事前確認が必要です。作業中に中圧ホースなどが何かに引っ掛かって面体が外れてしまうこともあり、このようなことがないようにキチンとした装着の必要性を訓練をとおして理解できるようにしておくことも必要です。

(3) 点検が欠かせない

　使用頻度が高くない保護具の点検は、手抜きをしがちですが、空気呼吸器は命にかかわる保護具です。確実な点検が欠かせません。いくつか例を挙げて考えてみます。
① 面体（全面体、アイピース）にキズが入っていたり、曇ってい

Ⅴ　知っておきたい　　103

たらどうでしょう。空気呼吸器を使用していて前がよく見えなかったらどうするでしょうか。目的の作業ができないばかりか、ケガをしたり、ひょっとしたら思わず面体を顔から取り外してしまうことになるかもしれません。

② 空気が充てんされたボンベが付いているでしょうか。ボンベの空気量（充てん量）が少なければ作業できる時間が短くなり危険です。緊急時の作業は思ったよりも時間がかかるものです。装着訓練をしたときに、少しずつですが繰り返して空気を使用しているためにボンベの空気量が減ってしまうなどということもあります。なお、ボンベを交換したときに、ボンベを左右逆向き（そく止弁が逆向きになる）に取り付けてしまう可能性もあり、このような状態だといざ装着しようとしても装着できません。ボンベ交換に限らず点検した後には、一度装着してみることも必要です。

なお、漏れなく確実に点検するためには点検表を作り、抜けのない管理を行うことが必要です。メーカーが点検項目を整理しているはずですので確認してください。また、点検の方法をホームページの動画で公開しているメーカーもあります。とてもわかりやすいと思いますので一度見てみてください。

⑷ いつでも使える状態に

使用した後は、次にいつでも使えるように点検整備をしておくことも欠かせません。ボンベの空気量が減ったり、部品交換が必要な場合は、すぐに手配しておく必要があります。もちろん、ボンベなどは予備を準備しておくことも大切です。なお、空気呼吸器が1つ（1セット）しかないために救出作業を一人で行わざるを得ないことになったり、空気ボンベの空気量が減ったときに交換できなかったりということにもなります。準備ができていない場合は、上司と相談

104

して必要な数量を準備しておきましょう。

　なお、空気呼吸器には、面体の中を常に陽圧（外気よりも気圧が高い状態）に保つことができるプレッシャデマンド型のものがあり、広く使用されるようになってきています。呼吸する（息を吸い込む）ことによって面体の中が負圧（外気よりも気圧が低い状態）になると、特化物などが顔と面体のすき間から入り込んでくる可能性があります。プレッシャデマンド型だとこのような心配も少なく、呼吸も楽です。必要だと思う場合は、上司と相談してください。

9. 送気マスクを活かす

(1) 送気マスクの使用

　送気マスクは、字の通り、空気（清浄な空気）を送る呼吸用保護具です。確実に清浄な空気を使用者が吸うことができなければなりません。代表的なものとして、電動送風機形ホースマスクやエアラインマスクがあります。送気マスクの使用上の注意や管理（点検）のポイントは、作業主任者テキストなどにも詳細に記載されていますので、確認してください。点検表を作り、抜けのない管理を行うことが必要です。空気呼吸器の管理と共通することもありますので、「V-8. 空気呼吸器を活かす」も参考にしてください。

　送気マスク管理の主な考え方は、①呼吸に必要な量の清浄な空気送ること、②途中（ホース、送気管）で空気の流れが遮断されないこと、③隙間（顔と面体の間、面体自身の傷・劣化、排気弁）から特化物のガスなどが入ってこないようにすることになります。

(2) 想定されるトラブル

　作業中の送気マスクの事故として想定されることとして①送気用の送風機やコンプレッサー（空気圧縮機）が止まる（電源コードが抜ける、故障など）、②高圧空気容器（ボンベ）の空気が無くなる、③エアラインマスクの接続を間違える（接続する工場内配管を間違えて窒素取り出し口などに接続してしまうなど）、④ホースが切れる・屈曲する（重機などの下敷きになるなど）ことなどが考えられます。このほか、⑤空気の取入口から自動車の排気ガスやコンプレッサーの不完全燃焼の排気ガスが混ざった空気（一酸化炭素濃度が高い）が入って一酸化炭素中毒（CO中毒）で送気マスク使用者が倒

れたなどという事例もあります。内燃機関（エアコンプレッサーな
どで利用）の排気ガスにも注意が必要です。⑥ホースが短くて、作
業範囲に届かず、作業中にマスクを外してしまうとか、ホースが何
かに引っかかり引っ張られてマスクが外れるなどということも考え
られます。

(3)　もう一度確認しておきたい

　特化物の取り扱いで送気マスクを使うのは、一般的には急性中毒
のおそれがある場所か、酸欠（酸素欠乏）の危険がある場所になり
ます。言い方を変えれば、作業中に送気マスクが外れたり、送気マ
スクが機能しなくなったりしたら命に関わることになります。
　このようにいろいろな事態を想定して、安全に使える送気マスク
の準備、正しい使用、使用中の要所（コンセントなど）の固定や監
視などの対応を行ってください。また、送気マスク使用時は、作業
の自由度が減る（動きが限られる）ことによってケガに結び付くこ
とも考えられますので、安全の確保の視点でも問題がないか確認す
ることが必要です。

＜参考＞厚生労働省通達（平成25年10月29日）
・「送気マスクの適正な使用について」
　インターネットでも検索できますので、確認してみてください。作業
主任者テキストの巻末「参考資料」にも掲載されています。

Ⅴ　知っておきたい　　107

10. 保護手袋などを活かす

　腐食性のある特化物などが皮膚に付着すると、皮膚障害を起こします。皮膚を通して体内に入ってくる物質もあります。皮膚からの吸収だけで健康障害になる可能性のある物質もあります。皮膚が荒れたり、発疹が出たりすることもあります。これらのことを防ぐ方法の一番は、このような特化物に触れない作業方法にすることです。どうしても触れるおそれがあるときは、保護具を使用することが必要になります。

(1)　保護手袋などの選択

　皮膚を守るための保護具の代表は、保護手袋（防護手袋）です。どのような保護手袋を選ぶかはとても大切です。使い方にもよりますが、特化物の液体の中に手を入れて行うような作業ではより慎重に選ぶ必要があります。ここでは、詳しく説明しませんが、保護具メーカー（取次店）に取り扱う特化物と作業内容を伝えて、適切な物を選ぶことになります。材質によっては、まったく効果がなかったり、時間とともに劣化したりして特化物などが透過してしまうこともあります。

　また、手袋は使いやすくなければ、実際の作業で使用しないということになりかねません。使い勝手（手指を動かしやすい、物をつかみやすい）も大切です。保護具の購入を、事業場としてまとめて行っている場合も多いと思いますが、効果や使い勝手が気になる場合は上司や衛生管理者に相談してみてください。

　適切なものを選択するとともに、効果が無くなる前に交換することも必要です。破れたり、孔が開いた手袋では、保護手袋の役割を

V　知っておきたい　　109

果たしませんので、交換が必要になります。節約しようとして、テープ（メンディングテープ、ガムテープなど）で補修して使うようなことは決してしてはいけません。

(2) 保護衣などの使用

　保護手袋以外に、特化物の液滴が飛散するような作業では、前かけや保護衣（防護服）、場合によっては保護長靴の使用が必要な場合もあります。保護手袋と同じように管理が必要です。「Ⅰ-3.酸などによる腐食」でも記載しましたが、腐食性の特化物を浴びたり、触れてしまうといった危険がある職場では、緊急用の洗身用シャワーなど、すぐに水で洗い流すことができる設備が必要です。万が一のときは、大量の水で洗い流すとともに、すぐに医師の診察を受けるようにしてください。

(3) 保護めがねで眼を守る

　特化物の飛沫などが眼に入るおそれのある作業では、保護めがねの着用が必要です。洗眼できる場所（洗眼器など）も必要です。確認しておきましょう。もし入ったときは、水道水などのきれいな流水で十分洗眼し、医師の診察を受ける必要があります。このようなことにならないように保護めがねを有効に使うようにしてください。顔との間にすき間ができにくいゴグル（ゴーグル）形のものなどを使う必要があります。

> **<参考>厚生労働省通達（平成29年1月12日）**
> ・「化学防護手袋の選択、使用等について」
> 　インターネットでも検索できますので、確認してみてください。作業主任者テキストの巻末「参考資料」にも掲載されています。
> （注）保護具に関する特化則の規定は「Ⅳ－3．監視する」で確認してください。

11. こぼれたり、付着したり・・・・

　特化則には、特化物が付着したぼろなどに関する規定、特化物の容器等に関する規定、休憩室に関する規定、身体が汚染されたときの規定などがあります。簡単に言えば、付着した特化物が散らばって、その結果として健康障害に結び付くことがないようにするための規定です。特化物をふき取るときに使ったりしたボロや紙くずの扱いもキチンとすることが必要ですし、容器や包装からこぼれたりしないようにする、作業着などに付いた特化物を休憩室に持ち込まないようにする、身体に付いた特化物は洗い流す、作業服などは職場で洗濯するなどです。

　法令の規定はありませんが、特化物の粉じんなどが付いた防じんマスクや防毒マスク、手袋、その他の保護具も一定の場所で汚れを落とすなど、特化物が付いたままの状態にしておいたり、あちこちに持ち歩いたりしないようにすることも必要です。

　また、特化物を入れた容器や包装の中に残った物がある場合の管理もキチンする必要があります。特化物の名称も表示するなどして、知らない人が触れたり、誤って使ったりすることがないように管理してください。

　なお、特化物の多くには経口毒性（飲み込むと危険）があり、成分によっては、「毒物」や「劇物」などに該当して「毒物及び劇物取締法」の規定に従って保管量（使用量）などの管理が必要なこともあります。環境への影響なども含めて安全な管理と取り扱いが必要だということを認識して適切な保管・管理を行ってください。SDSにも関連する記載があります。作業主任者の職務ということではありませんが、必要な場合は事業場の関係部門などに確認してください。

＜参考＞特化則の特化物の容器などに関する規定

（ぼろ等の処理）

第12条の2　…特定化学物質（…）により汚染されたぼろ、紙くず等については、…ふたまたは栓をした不浸透性の容器に納めておく等の措置を講じなければならない。

（容器等）

第25条　…特定化学物質を運搬し、または貯蔵するときは、…漏れ、こぼれる等のおそれがないように、堅固な容器を使用し、または確実な包装をしなければならない。

② 　…容器または包装の見やすい箇所に当該物質の名称及び取扱い上の注意事項を表示しなければならない。

③ 　…保管については、一定の場所を定めておかなければならない。

④ 　…運搬、貯蔵等のために使用した容器または包装については、発散しないような措置を講じ…、一定の場所を定めて集積しておかなければならない。

⑤ 　…特別有機溶剤等を屋内に貯蔵するときは、その貯蔵場所に、次の設備を設けなければならない。

　1　関係労働者以外…がその貯蔵場所に立ち入ることを防ぐ設備

　2　特別有機溶剤または…有機溶剤…の蒸気を屋外に排出する設備

　（注）第25条の規定以外に、個別に保管の方法などが規定されている特化物があります。

（休憩室）

第37条　…第一類物質または第二類物質を常時、製造し、または取り扱う…作業場以外の場所に休憩室を設けなければならない。

② 　…休憩室については…物質が粉状である場合は、次の措置を講じなければならない。

　1　入口には、水を流し、または十分湿らせたマットを置く等労働者の足部に付着した物を除去するための設備を設けること。

　2　入口には、衣服用ブラシを備えること。

　3　床は、真空そうじ機を使用して、または水洗によって容易にそうじできる構造のものとし、毎日一回以上そうじすること。

Ⅴ　知っておきたい　　113

③ …作業に従事し…休憩室にはいる前に、作業衣等に付着した物を除去しなければならない。

（洗浄設備）

第38条　…第一類物質または第二類物質を製造し、または取り扱う…ときは、洗眼、洗身またはうがいの設備、更衣設備及び洗たくのための設備を設けなければならない。

② …第一類物質または第二類物質により汚染されたときは、速やかに…身体を洗浄させ、汚染を除去させなければならない。

③ …身体の洗浄を命じられたときは、その身体を洗浄しなければならない。

12. 掲示を見る

　特化物を取り扱う作業場に必要な掲示（看板など）や表示が法令で決まっていますが、どこに特化物に関する掲示などがあるか知っていますか。作業主任者の氏名と職務についても掲示するなどにより周知させることが求められています。それぞれの掲示などにどのようなことが書いてあるのか読んだことはあるでしょうか。特に特別管理物質（発がん性が懸念される特化物など）に関する掲示には、人体への影響や取り扱い方法について記載があります。

　健康障害に関することだけでなく、引火性があるなど危険物に該当する場合は、危険物としての表示なども法令で規定されています。

　必要な掲示などが行われているか確認するとともに、記載してあることを一度キチンと読んでみてください。

Ⅴ　知っておきたい　　115

＜参考＞特化則で求められる掲示など

（立入禁止措置）

第24条　…次の作業場には、関係者以外の者が立ち入ることを禁止し、かつ、その旨を見やすい箇所に表示しなければならない。

　1　第一類物質または第二類物質を製造し、または取り扱う作業場（一部例がある）

　2　特定化学設備を設置する作業場または第三類物質等を合計100リットル以上取り扱うもの

（喫煙等の禁止）

第38条の2　…第一類物質または第二類物質を製造し、または取り扱う作業場で喫煙し、または飲食することを禁止し、…見やすい箇所に表示しなければならない。

②　…作業場で喫煙し、または飲食してはならない。

（掲示）

第38条の3　事業者は、第一類物質…または…特別管理物質…を製造し、または取り扱う作業場…には、次の事項を、作業に従事する労働者が見やすい箇所に掲示しなければならない。（一部例外があります）

　1　特別管理物質の名称

　2　特別管理物質の人体に及ぼす作用

　3　特別管理物質の取扱い上の注意事項

　4　使用すべき保護具

（注）個別に掲示や表示に関する規定がある物質や作業もあります。

＜参考＞労働安全衛生規則が規定する立入禁止表示など

第288条　…火災または爆発の危険がある場所には、火気の使用を禁止する旨の適当な表示をし、特に危険な場所には、必要でない者の立入りを禁止しなければならない。

第585条　…関係者以外の者が立ち入ることを禁止し、かつ、その旨を見やすい箇所に表示しなければならない。

　　5　ガス、蒸気または粉じんを発散する有害な場所

　　6　有害物を取り扱う場所

＜参考＞労働安全衛生規則の求める「作業主任者の氏名等の周知」

第18条　…作業主任者を選任したときは、…作業主任者の氏名及びその者に行なわせる事項を作業場の見やすい箇所に掲示する等により…周知させなければならない。

13. 保護具などを購入する

　保護具や測定器などは、その機能を維持するために点検し、必要の都度または定期的に部品などの交換が必要です。保護具や測定器などは、見かけは良くても、必要な機能が発揮できているとは限りません。

　寿命があるために更新しなければならないものもあります。検知・警報器などのセンサーは寿命があり、検知・警報器に貼ってあるラベルなどで確認できます。センサーの交換はメーカーに依頼して行うことが必要な場合もあります。測定に用いる検知管にも寿命があります。このようなセンサーの交換や検知管の購入の予算は確保できているでしょうか。

　保護具に関連した予算はどうでしょうか。保護具にも寿命があり、更新が必要になります。保護具などは、見かけは良くても、効果がない状態で使うということがないように、タイミングよく更新するようにします。防じんマスクのフィルターや防毒マスクの吸収缶がこの代表です。空気呼吸器のボンベも少し余裕を持って予備を準備して、変則な事態にも対応して安全に仕事ができるようにしてください。もちろん、保護具などを大切に使い、点検・整備してキチンと保管し、いつでも本来の目的に沿った（効果の発揮できる）使い方ができる状態にしておくことも必要です。

　作業する人の数の変更や状態（作業環境）に応じて、一人ひとりに必要な保護具や用具を確保することも忘れないでください。個人貸与（支給）して管理することが必要な保護具もあります。

　このように保護具や検知・警報器を必要なときに確実に使える状態にしておくためには、予算（年度予算、上下予算など）を確保し

118

ておくことが欠かせません。予算管理を行う上司や担当部門の理解を得て、必要な予算を確保しておきましょう。効果のない保護具や測定器などを予算の都合で使い続けるようなことがあってはいけません。

VI

さすが 作業主任者

作業主任者として存在感のある仕事をしたいと思います。各章でも書いてきましたが、職場の中で作業主任者としての信頼を得て職務を進めるために考えておきたいことがあります。

1. 作業主任者への共感

　作業主任者の職務を一人ですべて実施することは実際にはむずかしいと思います。職場の同僚とともに安全に作業ができるようにしたいものです。多くの仕事は、スポーツにたとえれば、個人競技ではなく、チームプレイの必要な競技です。一人でがんばっても試合には勝てないのと同じことです。チームリーダー（監督（選手兼監督？）、キャプテン）が作業主任者です。

　では、職場の同僚の力を引き出すにはどうしたらいいのでしょうか。基本は二つだと思います。

　一つは、作業主任者が「信頼できる存在である」ことです。このためには、同僚を守る（安全に責任を持つ）という姿勢と、作業主任者としての見識（知識と判断力）が必要でしょう。基本的な知識を身に付けることだけでなく、わからないことに対してキチンと調べる（専門家に聞くということでも構いません）という姿勢も大切です。

　もう一つは同僚を信頼することです。「作業主任者が指示をすれば同僚は従うものだ」という考え方は間違っていませんが、裏返して考えれば、「指示がなければしない」、見られていないところでは「指示に従わなくてもいい」といった考えにつながることもあります。同僚の存在を大切に思い、頼りにしていることを、日ごろから口に出して伝えることも必要です。

122

「作業主任者と中心にして、安全に作業を進めよう」という職場にしたいものです。

Ⅵ　さすが作業主任者

2. 作業前に一言

　作業を始める前に、作業主任者として職場の同僚に一言伝えておきたいと思います。特別に気の利いたことを言わなくても、同僚に「特化物の取り扱いを安全に行おう」という気持ちを思い起こさせる一言でいいでしょう。

　一言は、その日の作業の特徴に関連したことがいい（望ましい）ですが、前の日（前の作業）などに気付いた作業のポイントや、場合によっては、よその（事業場外の）災害事例（「Ⅷ－5．ネタ探し（情報源）」参照）を紹介して作業のポイントを説明するということでもいいでしょう。職場の状態や同僚の関心も考えた内容にしたいものです。

　作業主任者が一人で発言するのではなく、同僚に作業の安全について一言発言してもらうといった方法もあります。作業のポイントを若い人には復唱させる、ベテランには実際の作業での注意点を補足してもらうということも職場の一体感を増すことになるいい方法です。発言することにより、発言した人の記憶に定着し、発言内容に沿った行動をとることにも結び付きます。

　特別な作業（初めての作業、いつもと違う作業、安全を確保するために特別な対応が必要な作業、作業標準書（作業手順書、作業マニュアル）がない作業など）の場合は、しっかりと作業の安全確保のための措置について具体的に確認してください。作業主任者の職務の一つである「作業の方法を決定し、労働者を指揮すること」になります。なお、作業中に予期しない事態が発生したりした場合には、必ず作業主任者に報告相談するように日ごろから伝えておくことも大切です（「Ⅲ－4．変化すること」参照）。

あなたが職場の管理者や監督者でなければ、管理者や監督者と相談して「作業主任者としての一言」を発言する時間を持つようにしてもらってください。
　当然ですが、作業前の一言だけでなく、換気装置や保護具などの作業前の点検も忘れないようにしてください。作業主任者がすべて点検するということではなく、分担して実施したり、保護具は使用する人がそれぞれ点検することを作業主任者がリードして実施することになります。

3. 作業中の一言

　「作業を指揮」したり、「保護具の使用状況を監視」したりするためには、実際に作業を行っている状態を確認することが必要になります。作業主任者としての仕事以外はしないでいい（監督だけしていればいい）というケースは少なく、自分でも作業をしながら作業主任者の仕事をすることが多いと思います。このような場合は、同僚の作業をずっと見ている（監視している）ことはできないでしょう。このような場合であっても、同僚の作業の様子に関心を持っていることを示すことがとても大切です。このためには、同僚の作業の様子をときどき（安全に作業を進めるために確認が必要なタイミングや一定時間ごとに）確認して声をかけることが必要です。

　「予定通り進んでいるか」「困ったことはないか」や次の作業手順の確認などに加えて、保護具の着用や換気装置の使用方法について声をかけて確認してください。「指導する」とか「監視する」と思わなくても、確認して「声をかける」と考えると声もかけやすいでしょう。長時間続く作業であれば、ちょっとした休憩をするように誘うようなこともあってもいいかもしれません。声をかけるだけでなく、作業がしやすいように邪魔になっている物をどける（整理する）、次の作業手順を考えた準備をするなどといった作業を円滑に進めるためのちょっとした振る舞いが作業主任者の信頼を増し、安全な作業につながることにもなります。

　もし、同僚が不安全な行動をしている（たとえば保護具を着けずに作業をしている）ことに気付いたらどうしたらいいでしょうか。どのように声をかけるかは、当該の同僚との人間関係によって変わるのが現実だと思います。「〇〇さーん、ちょっと！」と声をかけ

た後にどのように話すかを自分で考えてみてください。危険が差し迫っているときは別ですが、まず慰労の言葉「○○さん、ご苦労さん！」「○○さん、順調かい？」から始めると声をかけやすいでしょう。

　なぜ不安全な行動をしているのかに思いを巡らすことも大切です。意識的に不安全な行動をしているのでしょうか。仕事に集中していて不安全な行動をしていることに気付いていない、忘れていた、防じんマスクが息苦しい、作業場が暑い（熱中症になりそう）、面倒くさい、…いろいろなケースがあります。このようなことも考えながら話す言葉を選びます。

怒りを前面に出す（ケシカランという）言い方は、反発を招き、「腹が立つ」「ほっといてくれ！」「見られている間だけちゃんとしよう」と思われてしまうこともあります。「うるさいなぁー」と言って無視されるようなこともあるかもしれませんし、その後の作業の集中力がなくなったり、仕事が投げやりになることもあるかもしれません。「同僚に対する"怒り"はなんの価値も生まない」と筆者は思っています。

　このようにいろいろなケースがあるかもしれませんが、同僚の安全のためですから、言うべきことは言う、直すべきことは直すということです。作業主任者の責任として義務的に言うということではなく、相手（同僚）のことを思った納得感のある言葉で、同僚が「あなたの言うとおりだ」「安全な作業をしよう」と思うようにしたいものです。たとえ厳しい言葉であっても、同僚の安全のことを考えて発する言葉は、必ず「思い」とともに伝わるはずです。

　なお、作業中に同僚に声をかけるだけでなく、作業をしている場所、換気装置の稼働状態などが安全に作業を進められる状態になっているかを作業主任者として確認することも忘れないでください。

4. 作業終了後に一言

　安全に作業を終えた同僚には「お疲れさま」と一言声をかけましょう。あわせて、作業をしていて困ったことや不具合がなかったかを確認してください。次の作業の安全につなげることが大切です。上司や関係部門に伝え改善しなければならないことがあるかもしれません。今日の教訓を明日の安全に活かしたいものです。
　また、特化物が入っていた容器や袋などの処理、保護具を始めとした用具類や換気装置の整備も分担して確実に実施するようにしてください。

5. 定期的に確認する

　特化物の取り扱いを安全に行うために、定期的に行うべきことのスケジュールをまとめておきましょう。主な例を挙げますので、作業主任者として、どのようなことをどのようなタイミングで実施したり、確認するといいかを整理してみてください。

＜参考＞定期に確認する事項の例

・毎日（作業を始めるときに）
　① 同僚の健康状態の確認
　② 通常の作業と違う作業や新たな原材料・用具などの使用有無の確認
　③ 作業手順・分担の確認（作業標準書（作業手順書、作業マニュアル）の確認など）
　④ 保護具の点検、検知・警報器の点検、換気装置の稼働状況の確認

・月に1回
　① 換気装置（局所排気装置、プッシュプル型換気装置、全体換気装置）、除じん装置、排ガス処理装置、排液処理装置などの作業主任者としての点検
　② 特別管理物質の作業記録
　③ 職場安全衛生会議（事業場安全衛生委員会）への報告

・6ヶ月に1回
　① 特化物健康診断の受診の確認
　② 歯科医師による健康診断の受診の確認
　③ 定期作業環境測定結果の確認

・1年に1回
　① 局所排気装置、プッシュプル型換気装置、除じん装置、排ガス処理装置、排液処理装置の定期自主検査の確認
　② 検知・警報器のセンサー交換
　③ リスクアセスメントの確認（リスクアセスメントは、作業方法などを変更するときに行う必要がありますが、特に変更がないときでも1年に1回くらいはリスクアセスメントの結果と実態に乖離がない（かけ離れていない）か確認しておきたいものです）

・2年に1回
　特定化学設備およびその付属設備の定期自主検査の確認

6. リスクアセスメントに加わる

　リスクアセスメントは、事業場で定める方法に従って実施することになります。作業主任者がリスクアセスメントの実施メンバーに必ず加わらなければならないということではありませんが、望ましいということになります。作業の実態を知る立場で検討に加わることになりますので、ありのままの状態がリスクアセスメントに反映されるようにしましょう。形式的なリスクアセスメントでは、リスクアセスメントの意味がありません。

　リスクアセスメントの実施に加わるときに特に気をつけなければならないことがあります。一つは「自分たちは決められた通り作業をするから問題は起きない」と思いがちなことです。このような気持ちで安全に作業を進めることは大切ですが、実際の作業中には、いろいろな状況の変化があったり、思わぬトラブルがあったりして予定通りに作業が進まないことも多いものです。このような作業の実態を思い起こしてリスクアセスメントに反映してください。

　もう一つは、見直しに関してです。リスクアセスメントは、基本的には事前予測です。実際に特化物を取り扱う作業を始めてみると、想定外の状況もあるかもしれません。作業を開始してからでなければ、作業環境中の特化物の濃度を確認することができないため、作業環境測定の結果や検知・警報器の測定データを踏まえてリスクアセスメントの見直しが必要なこともあります。一度実施したリスクアセスメントの結果が絶対ではなく、実際の作業の実態を踏まえて必要な見直しを行うことが大切です。

Ⅵ さすが作業主任者

7. 法の規定が適用されない？

　特化物を取り扱う作業の管理は、法令（特化則など）に基づいて実施することが基本ですが、特化則では、取り扱う物によっては「やむを得ない場合に局所排気装置を使用せずに作業を行うことができる」などの措置が決められています。臨時の作業についての特別の規定もあります。適用除外については、条件（制約）がありますので、作業主任者がその適用について判断するのではなく、事業場としての判断が必要です。所轄労働基準監督署長に申請して認定されることが前提のこともあります。

　もし、特化物による健康障害のおそれがなく、法令の規定の適用除外などに相当すると考える場合は、衛生管理者に相談して間違いのない対応をすることが必要です。安易な対応は、絶対にしてはいけません。

　また、作業主任者の選任について、法令上は、試験研究のために特化物を取り扱う作業などは適用の除外になっていますが、特化物を取り扱う限り、安全な取り扱いをしなければなりません。身近でこのような作業があれば、特化物の安全な取り扱いについて知識を持っている立場で安全な作業をリードしたいものです。

VII

みんなの力で

繰り返し記載してきましたが、職場の安全衛生管理は作業主任者が一人で実施するものではありません。職場のみんなが、作業主任者と一緒に前向きに安全な作業に取り組めるようにすることが欠かせません。さらに事業場内の関係者の力も得て、作業主任者として職務を行いたいものです。

1. 職場で勉強会をしてみよう

　職場で特化物の安全な取り扱いについて勉強会をしましょう。職場安全衛生会議や安全衛生管理に関する定期勉強会を開催する中で、特化物に関しての勉強もするというやり方もあります。
　特化物作業主任者技能講習修了者の同僚が職場にいる場合は、分担したり、協力して実施すると職場の一体感をより深めることになるでしょう。

(1)　勉強会のテーマ

　勉強会の内容はいろいろと考えられます。ただし、あまりに細かすぎる内容や実際の職場の仕事とまったく関係のないことには、同僚が関心を示さないといったこともありそうです。職場での作業に結び付けて質問（「Ⅷ-3. クイズネタ」参照）をする時間を織り込むなどして、同僚の関心を引き出して、実際の作業の安全に結び付けたいものです。資格取得の教育ではありませんので、職場の実態や同僚の知識・経験に合わせた内容と時間にするといいでしょう。テーマを決めて意見交換するといった方法もあります。

(2) 職場勉強会の方法の例

・作業主任者が講師になって安全な特化物の取り扱いについて説明する

・テキストの内容を分担を決めて勉強して、メンバーが順番に講師として説明する

・実際に行っている特化物取り扱い作業の課題がないか意見交換する。テーマを決めた方が意見が出やすくなるかもしれません。

・作業主任者が小テスト（「Ⅷ－3．クイズネタ」、「Ⅷ－5．ネタ探し（情報源）」参照）を作って実施し、あとで解説する。小テストは、事業場で同じものを利用する方法もあります。この場合は、衛生管理者に相談するといいでしょう。

(3) 新人への教育

勉強会ではありませんが、新人（新入社員など）に対する教育も大切です。特化物の安全な取り扱いについての教育も必要ですが、キチンとして仕事ができるように指導することも欠かせません。キチンとした作業が安全の基本です。新人の指導は、作業主任者の仕事だとは限りませんが、上司や同僚とともに取り組んでください。

(4) 講師をするときは

作業主任者が、安全衛生教育の講師を担当するときは、作業主任者としての知識だけでなく、「安全に作業をして欲しい」という思いも伝えてください。

教育の講師をするときに、大切にしたいことがいくつかあります。一般的には、講師が教える（伝える）べきことをしっかり勉強して、整理して話をし、受講者がしっかりと講師の話を聞いて頭に入れるということになり、欠かせないことです。でも、むずかし過ぎるこ

とや、実際の仕事に関係のないことを並べてみても、なかなか頭に入らず、役に立たないということもあるでしょう。職場の仕事と関連づけて、絶対に実施しなければならないことを確認するというところから始めましょう。職場の同僚がもっと知りたいと思うようであれば、内容を深めていけばいいでしょう。

　講師をするに当たって予習の段階でよくわからないことがあれば、自分で調べたり、衛生管理者や産業医に教えてもらってください。

(5)　質問があったら…

　教育や勉強会をしているときに質問があって即答できないことがあったり、説明の中で行き詰まるようなことがあっても、戸惑ったり、恥かしく思う必要はまったくありません。「よくわからないから調べて（確認して）後で答えるので待って欲しい」と言えばいいのです。ひょっとしたら職場の同僚の中に答えを知っている人がいるかもしれませんので、「誰かわかる人はいませんか」と助けを求めることもできます。作業主任者といっても何でも知っているわけではないのですから、そんなに気負わずに、勉強会や教育の場に臨みましょう。ただし、「後で答える」と言ったことに関しては、必ず調べて答えるようにしましょう。このようにすると、職場の講師として、また作業主任者として信頼を得ることにつながります。職場での勉強会や教育をするときに大切なことは、「みんなと安全にいい仕事をしたいという思い」だと思います。

Ⅶ　みんなの力で

2. ヒヤリ・ハットを活かす

　事業場にヒヤリ・ハット報告制度がありますか。職場の同僚には、特化物の取り扱いに関わるヒヤリ・ハット報告も積極的に出してもらいましょう。職場の同僚の気付きを活かして、より良い職場にしていく方法の一つとしてヒヤリ・ハット報告はとても有効です。

　もし、特化物の取り扱いに関するヒヤリ・ハット報告があれば、報告してくれた人とともに現地に出向いたり、現物を確認したりして、どのようなことがあったのか自分の目で確認するとともに、報告した人から状況について話を聞きましょう。事実の確認だけでなく、報告した人の思いや意見を聞くことが大切です。

　作業に関連したヒヤリ・ハット報告は、本人のミスや不注意が原因で「気をつければ、起きなかった」と片付けられてしまうことがあります。本当にそうなのでしょうか。「ミスや不注意の原因は何か」を考えて対応することによってミスや不注意を無くす（減らす）ことができるかもしれません。

　ヒヤリ・ハットが設備の不具合などに原因があって、職場や作業主任者の力だけで解決できない場合は、上司や関係部門に報告して、対策に結び付けてください。このようなアクションが、作業主任者の信頼を高め、職場内のコミュニケーションを深めることにつながります。

　作業主任者自身がヒヤリ・ハットを積極的に報告することも重要です。ささいな失敗も含めて報告するといいでしょう。誰でも失敗することがあります。同じような失敗を減らすためには、注意力を高めるための気付きの機会を持つことも必要です。自分の失敗をみんなの前で話したり報告したりすることは、はずかしかったり、つ

らく感じることもあるかもしれませんが、同僚のためです。作業主任者が見本を示すつもりで、小さな問題でも職場で共有して、より安全な作業に結び付けてください。

VII みんなの力で

3. 作業主任者同士で知恵を出し合おう

　一人で考えていても知恵が浮かばなかったり、自信が持てなかったりすることがあります。職場内や事業場内に、あなたと同じ特化物作業主任者がいれば、情報交換の場を持ちたいものです。上司や衛生管理者に相談してみましょう。

　あなた自身が困ったことを感じていなくても、他の作業主任者が悩んでいることがあるかもしれません。そんなときに、相談に乗ってあげたいものです。その場で答えがでなくても、話をする中で解決の糸口が見つかることも少なくありません。

　情報交換の場は、できれば定期的に持ちたいものです。たとえば、年に1～2回でもいいでしょう。全国労働衛生週間（毎年10月1日～7日）の事業場行事にしてもらうことも考えられます。

　情報交換のときに特別のテーマが無く、懇談に終わることがあるかもしれませんが、身近に同じ立場の人がいることを確認できるだけでも心強いものです。法改正などがあれば、改正内容などについてお互いに勉強したりすることがあってもいいでしょう。社外の特化物による健康障害の事例を持ち寄って、事業場で活かすべき教訓を導き出す場にしたり、職場勉強会用のネタ（資料、クイズなど）を一緒に作る場にすることもできるでしょう。衛生管理者や産業医に講師を依頼して作業主任者勉強会をするということも考えられます。

Ⅶ　みんなの力で

VIII

役に立ててください

作業主任者として、特化物による健康障害防止に関連する情報（ネタ）はたくさん持っていた方がいいと思います。参考になりそうなことを取り上げてみます。

1. 社外の専門家に聞く

特化物の取り扱いに関する労働衛生上の対応について、事業場内の担当部門でよくわからないときに、無償で相談できる公的な機関があります。必要であれば、上司や衛生管理者に相談して活用を考えてみましょう。

都道府県ごとに産業保健総合支援センターがあり、専門スタッフが電話、電子メール、センターの窓口（予約）などで相談に応じ、解決方法を助言してくれます。各地域には地域産業保健センターが設けられ、同じく相談に応じたり、相談の窓口になっています。連絡先はインターネットで確認することができます。これらのセンターは独立行政法人労働者健康安全機構が運営しています。

法令の適用などに関することを労働基準監督署に相談することも可能です。

2. チェックリストを作ってみる

　特化物を取り扱う職場の管理状態を確認するためにチェックリストを使う方法があります。チェックリストですべての確認はできませんが、要点を抑えた管理ができます。担当する職場（作業）についてチェックリストを作ってみてください。

<参考>フッ化水素酸取り扱い職場の自主チェックリストの例

項目	チェック内容
設備	局所排気装置等の作業環境対策設備が設置されていますか？
	局所排気装置等の作業環境対策設備を作業中、稼動させていますか？
	局所排気装置等の作業環境対策設備は点検（定期自主検査、毎月、作業前）を実施していますか？
	局所排気装置等の作業環境対策設備は効果を充分に発揮していますか？
	フッ化水素を取り扱う設備は特定化学設備として管理していますか？
	フッ化水素が漏洩した場合にその除害に必要な薬剤または器具、その他設備を備えていますか？
掲示	作業場は関係者以外立入り禁止にしていますか？
	標識は見やすい位置に設置されていますか？
休憩室等	作業場以外の場所に休憩室は設けられていますか？
	洗眼・洗身・うがい設備・更衣設備・洗濯のための設備を設けていますか？
	洗眼・洗身・うがい設備・洗濯のための設備は使用できる状態にありますか？
	更衣室のロッカーは通勤服と作業着や保護具を分けて入れられますか？
喫煙等の禁止	作業場では飲食・喫煙を禁止し、その旨を掲示していますか？
ボロ等の処理	使用したぼろなどは、不浸透性ふた付き容器に納められていますか？
保管	容器は蓋を閉め、決められた場所に保管されていますか？
	容器には見やすい箇所に当該物質の名称および取扱い上の注意事項が記載されていますか？
	毒物として管理されていますか？
作業主任者	特定化学物質作業主任者は選任されていますか？
	作業主任者の氏名・職務標識は掲示されていますか？

保護具	フッ化水素が発散する場所、取り扱う作業で保護具（防毒マスク、ゴーグル、保護手袋、保護前掛けなど）を着用することが決められていますか？
	決められた保護具を着用して作業していますか？
	保護具は汚染を除去して、いつでも使える状態で保管されていますか？
測定	6ケ月に1回、作業環境測定士による作業環境測定が実施されていますか？
教育	SDSが備えられていますか？
	SDS等を活用した安全衛生教育は実施されていますか？
	事故時の救急措置に対する教育が実施されていますか？
健康診断	特殊健康診断（歯科医による健康診断を含む）対象者に抜けはありませんか？
作業方法	直接フッ化水素に触れたり、飛まつがかからない作業方法が決められていますか？
	決められた方法で作業していますか？

3. クイズネタ

　職場の勉強会や教育のときに使うことを想定して、クイズネタを例として作ってみました。参考にしてください。クイズを通して、特化物の適切な取り扱いについて再確認することもできます。クイズを使うことで、職場全員が参加意識を持つ勉強会や教育を行うことになります。自分でもクイズを作ってみてください。作業主任者としての知識を深めることにもなると思います。

＜参考＞職場で使えるクイズネタの例

① 職場にある特化物はどんなものがありますか？
　　特化物にばく露したり接触する場所はどこが考えられますか？
　チューブ入り、スプレー缶、ペール缶などの缶入り、固形、燃料

（注）通常の取り扱い作業だけでなく、搬入から、保管、使用、搬出、廃棄、清掃まで幅広く考えてみるようにします。

② SDSに登場する有害性に関する言葉の意味（少しむずかしいです）
　　・発がん性（分類）？　　・変異原性？　　・感作性？
　　・急性中毒？　　　　　　・亜急性中毒？　　など

（注）作業主任者テキスト（技能講習テキストや能力向上教育用テキスト）、厚生労働省の「職場のあんぜんサイト」に定義及び解説が比較的わかりやすく掲載されていますので、参考にし

Ⅷ　役に立ててください　　149

てください。

③ 使っている特化物のSDSに書いてあることのうち、もっとも大切だと思うことは何ですか？

④ 職場で使っている特化物による急性中毒が発生する可能性はありますか？　可能性がある場合は、どのような症状がでるのでしょうか？　もし中毒が発生したとき、わたしたちの職場ではどうしますか？

⑤ GHS絵表示の意味を知っていますか？（下表の絵を示して質問する）

（答）

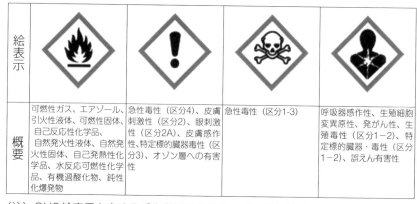

（注）GHS絵表示を定める「化学品の分類および表示に関する世界調和システム」（The Globally Harmonized System of Classification and Labelling of Chemicals：GHS）は、2003年7月に国連勧告として採択されたものです。化学品の危険有害性を世界的に統一された一定の基準に従って分類し、絵表示等を用いてわかりやすく表示して、ラベルやSDS（Safety Data Sheet：安全データシート）に反映させ、災害防止及び人の健康や環境の保護に役立てようとするものです。

⑥ 今使っている防毒マスク吸収缶の有効期限はいつですか？　吸収缶はいつ交換するといいでしょうか？

⑦ 防毒マスクの吸収缶にはどのような種類があるでしょうか？　それぞれの吸収缶はどのような特化物で使用することができますか？

⑧ 次の物質の許容濃度は何ppmでしょうか。
　・一酸化炭素　50　　ppm　　・アンモニア　　25 ppm
　・塩素　　　　0.5 ppm　　・シアン化水素　5 ppm
　・硫化水素　　5　　ppm
　・ベンゼン：発がん性があるとして別の評価値が設けられています

（注）許容濃度は、大ざっぱに言えば、毎日8時間のばく露しながら普通の作業をしても健康影響（慢性中毒）がでないとされている濃度です。ここでは日本産業衛生学会が勧告（2018年度）している許容濃度の数値を示しています。上記の物質以外にもたくさんの物質の許容濃度が勧告されています。インターネットで確認することができます。これらの特化物は、急性中毒の原因にもなりますが、許容濃度は急性中毒の指標ではありません。
　　なお、1ppmは、1㎥（1辺1mの立方体）の空気中に1cc（㎤）（1辺1㎝の立方体）の体積（ガス状）があることを意味します。

⑨ 次の物質の管理濃度は何mg/㎥でしょうか。
　・鉛　Pbとして0.5mg/㎥　　　　・ベンゼン　　　1ppm

VIII　役に立ててください　　151

・マンガン　Mnとして0.5mg/㎥　・臭化メチル　1ppm
・クロム酸　Crとして0.05 mg/㎥
・シアン化ナトリウム　CNとして3mg/m3

（注）管理濃度は、法令で規定された指定作業場の定期作業環境測
　　　定の結果を評価するときに用いられる基準値になります。許
　　　容濃度と同じ値が採用されていることがあります。上記の物
　　　質以外でも、定期作業環境測定の対象になっている特化物は
　　　原則として管理濃度が定められています。インターネットで
　　　確認することができます。
　　　　なお、1mg/㎥は1㎥の空気中に1mg（1gの1/1000）の
　　　重量の物質があることを意味します。

※書き込んでみましょう
⑩

⑪

4. さらに知識を増やす

　作業主任者の資格を取った後にも、法令が改正されたり、事業場外で新たな事故・災害の発生があったりします。このようなことに関する知識や情報を得て、作業主任者としての職務をより的確に行えるようにしたいものです。

　厚生労働省は労働安全衛生法に基づいて「能力向上教育指針（平成元年公示）」を策定し、特化物作業主任者能力向上教育の内容を示しています。受講したいと思う場合は、上司や衛生管理者に相談してみてください。能力向上教育は、事業者（事業場）が実施するほか、安全衛生団体等に委託して実施できることになっています。作業主任者技能講習を受講した機関（都道府県労働基準（協会）連合会など）で開催されている場合があります。

　能力向上教育を受講しない場合でも、最新の知識や情報を得るように自分で努力することも必要です。

Ⅷ　役に立ててください　　153

<参考>

特化物作業主任者能力向上教育（定期または随時）カリキュラム

「能力向上教育に関する指針（厚生労働省公示）」

科 目	範 囲	時間
1　作業環境管理	(1)　作業環境管理の進め方 (2)　作業環境測定、評価及びその結果に基づく措置 (3)　局所排気装置、除じん装置等の設置及びその維持管理	2.0
2　作業管理	(1)　作業管理の進め方 (2)　労働衛生保護具 (3)　緊急時の措置	1.0
3　健康管理	(1)　特定化学物質による健康障害の症状 (2)　健康診断及び事後措置	1.0
4　事例研究及び関係法令	(1)　作業標準書等の作成 (2)　災害事例とその防止対策 (3)　特定化学物質に係る労働衛生関係法令	3.0
計		7.0

5. ネタ探し（情報源）

　職場で勉強会をするときやクイズネタなどの情報を得る手段はいろいろとあります。もっとも基本になるのが、作業主任者テキストなど（次頁参照）になります。

　また、厚生労働省の「職場のあんぜんサイト」でも豊富な情報を確認できます。パソコンやスマートフォンで検索してみてください。特化物（化学物質）について、詳しい専門的な情報も確認できます。SDS情報などの理解のためにも活用できます。

　作業主任者として特に役に立つと思われるのは「職場のあんぜんサイト」の「災害事例」です。キーワードに「特定化学物質」または「化学物質」と入力して検索してみてください。たくさんの災害事例が確認できます。さらに絞り込むこともできます。たとえば、「さらに絞り込む（発生要因）」の「管理」の欄で「保護具、服装の欠陥」を選択すると保護具に関連した事例に絞り込むことができます。「発生状況」「原因」「対策」の説明があり、多くの事例に発生状況のイラストも付けられています。職場で活用する場合は、説明が細か過ぎるかもしれません。その場合は、作業主任者が職場で活用できるように簡潔に要点をまとめるといいでしょう。「職場のあんぜんサイト」には、ヒヤリ・ハット事例も掲載されています。「ヒヤリ・ハット事例」の頁を開き「有害物との接触」のアイコンを選択するとイラスト付きの事例を確認することができます。

　このほか、厚生労働省HP（「政策について」⇒「分野別の政策一覧」⇒「雇用・労働／労働基準」⇒「施策情報／安全・衛生」）や中災防／安全衛生情報センターHPなども参考になります。

Ⅷ　役に立ててください　　155

＜「職場のあんぜんサイト」でネタ探し＞

| 職場のあんぜんサイト | 検索 |

…こんなことを調べることができます

- ・安衛法名称公表化学物質等
- ・GHSモデルラベル・SDS情報
- ・GHSとは
- ・強い変異原性が認められた化学物質
- ・がん原性に係る指針対象物質
- ・リスク評価実施物質
- ・化学物質による災害事例
- ・有害性・GHS関係用語解説

＜作業主任者必携のテキスト＞（中央労働災害防止協会発行）

書名	内容
特定化学物質・四アルキル鉛等作業主任者テキスト	特定化学物質および四アルキル鉛等による障害とその予防措置、作業環境の改善方法、労働衛生保護具等について解説。
特定化学物質作業主任者の実務（能力向上教育用テキスト）	特定化学物質作業主任者等が新たな知識や技術を身につけるための能力向上教育用のテキスト。

＜ネタをワンランクアップできる出版物＞（中央労働災害防止協会発行）

書名	内容
労働衛生のしおり	全国労働衛生週間実施要綱、最新の労働衛生対策の展開を解説。さらに業務上疾病の発生状況などの統計データ、関係法令、主要行政通達など職場で役立つ資料を豊富に掲載。毎年8月頃発行
皮膚からの吸収・ばく露を防ぐ！－化学防護手袋の適正使用を学ぶ－（田中茂著）	化学物質の皮膚からの吸収によるばく露のメカニズムや、化学防護手袋の正しい選び方、使い方、新たなトレンドを保護具研究の第一人者である著者がやさしく解説。

中災防ブックレット3 胆管がん問題！それから会社は…	化学物質による胆管がん発生の経緯と原因、その後の発生企業の対策やこの問題に関わった人々の活動をまとめた。化学物質による業務上疾病防止の一助となる一冊。 （目次…胆管がん なぜ起こったのか？／社長が語る その時とその後）

Ⅷ　役に立ててください　*157*

おわりに

　特化則などの法令に従うことは、最低限のことです。特化則はとても難しい法令だと思います。特化物作業主任者になって最初にすることは、職場で使っている特化物に絞って、どのようなことが特化則に決められているのか確認することです。その上で、この本に記載してきた内容も参考にして、作業主任者として職場の安全を確保してください。

　一方、本文中でも記載しましたが、特化物は、化学物質の一部です。今後職場で使われる化学物質の種類は増えるでしょうし、新たに有害性が判明する化学物質もあるでしょう。特化物に限らず職場での化学物質取り扱いは、慎重に行うことが大切です。特化物作業主任者の職務に加えて、化学物質の管理に関する知識のある職場のリーダーとしても活躍してもらいたいと思います。

　この本も参考にして、あなたが作業主任者としての職務をまっとうし、「自分が作業主任者になってよかった」と思えるようになってもらえたら幸いです。あなたを含めた職場のみなさんが安全にいい仕事ができることを願っています。

福成　雄三（ふくなり　ゆうぞう）
（公財）大原記念労働科学研究所特別研究員
労働安全コンサルタント（化学）
労働衛生コンサルタント（労働衛生工学）
日本人間工学会認定人間工学専門家
1976年住友金属工業㈱（現：日本製鉄㈱）に入社。以後、安全衛生関係業務に従事。日鉄住金マネジメント㈱社長を経て、2016年6月まで中央労働災害防止協会教育推進部審議役。

今日から安全衛生担当シリーズ
特定化学物質作業主任者の仕事

平成31年4月26日　第1版第1刷発行

著　者	福成　雄三
発行者	三田村憲明
発行所	中央労働災害防止協会
	〒108-0023
	東京都港区芝浦3丁目17番12号　吾妻ビル9階
	電　話（販売）03－3452－6401
	（編集）03－3452－6209
カバーデザイン	ア・ロゥデザイン
イラスト	ア・ロゥデザイン
印刷・製本	株式会社丸井工文社

落丁・乱丁本はお取り替えいたします。　　©Yuzo Fukunari 2019
ISBN978-4-8059-1864-7　C3060
中災防ホームページ　https://www.jisha.or.jp

本書の内容は著作権法によって保護されています。本書の全部または一部を複写(コピー)、複製、転載すること（電子媒体への加工を含む）を禁じます。

中災防の図書

今日から安全衛生担当シリーズ

福成雄三著　各A5判

初めて安全衛生担当に選任された人たち向けに、行うべき職務等について、より現場的な観点から実践的に解説するシリーズ。新しく選任された担当者向けに、具体的に何をどのように行うのか、法令に定められた職務について、現場的に解説する。今日から役立つ仕事の教科書。

衛生管理者の仕事　平成29年7月発行
ISBN978-4-8059-1760-2 C3060　No.24800　本体1,200円+税

安全管理者の仕事　平成29年11月発行
ISBN978-4-8059-1780-0 C3060　No.24801　本体1,200円+税

総括安全衛生管理者の仕事　平成30年4月発行
ISBN978-4-8059-1799-2 C3060　No.24802　本体1,200円+税

有機溶剤作業主任者の仕事　平成31年3月発行
ISBN978-4-8059-1863-0 C3060　No.24803　本体1,000円+税

酸素欠乏危険作業主任者の仕事　平成31年4月発行
ISBN978-4-8059-1865-4 C3060　No.24805　本体1,000円+税

産業医の仕事　平成31年4月発行
坂田晃一・福成雄三著
ISBN978-4-8059-1866-1 C3060　No.24806　本体1,700円+税

お申込み・お問合せは…
中央労働災害防止協会（出版事業部）
TEL 03-3452-6401　FAX 03-3452-2480